TRÄGERFLUGZEUGE
DER US NAVY UND DER US MARINES
SEIT 1945

Heiko Thiesler

Motor
buch
Verlag

Hier sieht man links den ersten Superträger der Forrestal-Klasse (CVA-59) mit komplett leergeräumten Deck. Dies diente den Vorbereitungen zur Erprobung des »Super-Carrier-Onboard-Delivery« mit der KC-130 Hercules Ende 1963, rechts im Bild. Es blieb allerdings bei der Erprobung. (Fotos: National Museum of Naval Aviation Pensacola)

Trägers *United States* und seiner drei geplanten Schwesterschiffe wurde schon 1949 – nur wenige Tage nach Kiellegung – wieder eingestellt und bei der US Air Force vertrat man die Meinung, die Marine mit ihren Trägerschiffen und Kampfflugzeugen entspreche nicht mehr den aktuellen Befürfnissen, schon gar nicht in der Rolle Atomwaffen tragender Einheiten. Letztlich sollten sowohl Luftwaffe als auch die Marinefliegerkräfte gleichberechtigt existieren – mit modernem Equipment einschließlich leistungsstarker Kampfflugzeuge. Dennoch waren und blieben sie miteinander konkurrierende Streitkräfte, die in nur ganz seltenen Fällen denselben Flugzeugtyp bzw. einer seiner Versionen benutzten. Man versuchte sich gegenseitig mit Rekordleistungen zu übertrumpfen, was die Techniker und Piloten nur zusätzlich anspornte, von der Wichtigkeit und Schlagkraft »ihrer« Luftstreitkräfte zu überzeugen.

1955 erhielt die US-Marine ihren ersten »Superträger«, die *USS Forrestal* (CVA-59), gefolgt von drei weiteren dieser gewaltigen Schiffe. Angetrieben von vier Dampfturbinen, betrug die Wasserverdrängung der 325 m langen *Forrestal* annähernd 80.000 t. Fünf Trägergeschwader mit vorwiegend strahlgetriebenen Kampfflugzeugen bis hin zum Langstreckenatombomber A-3 Skywarrior befanden sich an Bord und konnten verschiedene technische Neuerungen nutzen. Hierzu zählten das abgewinkelte Landedeck für einen sicheren gleichzeitigen Start- und Landebetrieb, das spiegelbasierte optische Landesystem sowie das Dampfkatapult, von dem die Forrestal vier Stück besaß. Alle drei Erfindungen enstammten der britischen Royal Navy und ermöglichten überhaupt erst den Trägerbetrieb von Strahlflugzeugen.

Im November 1963 wurde auf der Forrestal auch das »Super Carrier-on-Board-Delivery« erprobt und mit einer viermotorigen Hercules landete und startete das bisher schwerste Flugzeug von einem Flugzeugträger. 1967 kam es vor der Küste Vietnams an Bord zu einer der größten Katastrophen im modernen Trägerbetrieb, bei der 134 Menschen ihr Leben ließen, 21 Flugzeuge zerstört und 43 weitere beschädigt wurden. Auslöser war eine fehlgezündete Rakete, die in eine voll aufgetankte und aufmunitionierte A-4 Skyhawk raste und einen massiven Brand auslöste.

1961 ging die verbesserte Klasse der *Kitty Hawk*-Trägerschiffe in Dienst (insgesamt vier Einheiten), ergänzt um die einzelne *USS Enterprise* (CVAN-65, ab 1975 CVN-65) als erster Flugzeugträger mit Nuklearantrieb. Dank des Atomantriebs besaß die Enterprise praktisch eine unbegrenzte Reichweite, eine Wasserverdrängung von über 90.000 t sowie ein nochmals auf 340 m Länge vergrößertes Flugdeck mit 10% bzw. 25% mehr Fläche gegenüber der *Kitty Hawk* bzw. *Forrestal*. Normal konnten 80 bis 90, maximal sogar 110 Flugzeuge aufgenommen werden. Die *Enterprise* war 55 Jahre im Einsatz und wurde erst 2017 aus dem Navy-Schiffsregister gestrichen. Den Standard-Flottenträger der Navy bildete inzwischen die ebenfalls atomgetriebene *Nimitz*-Klasse.

Die im Bild befindliche USS Abraham Lincoln (CVN-72) gehört zu den Superträgern der heutzutage am meisten genutzten Nimitz-Klasse. Nach dem ersten atomgetriebenen Trägerschiff Enterprise (CVN-65) und einigen Jahren Unterbrechung erfolgte die Bewilligung zum Bau dieser neuen Flugzeugträger Ende der 1960er-Jahre, die Indienststellung 1975. Es gab zahlreiche Verbesserungen, die Brennstäbe des Atomantriebs besitzen eine wesentlich längere Lebensdauer von über einem Jahrzehnt und garantieren einen Fahrbereich von mehreren Hunderttausend Seemeilen. (Foto: National Museum of Naval Aviation)

Gegenwärtig verfügen die Atlantik- sowie die Pazifikflotte der US-Marine über jeweils fünf bis sechs einsatzfähige Flugzeugträger. Diese stellen mit ihren Begleitschiffen eine enorme Schlagkraft dar und erfordern einen gewaltigen logistischen Aufwand im Betrieb. Ein solcher Trägerverband verfügt über eine größere und vor allem einsatzbereitere Flugzeugflotte als die Luftstreitkräfte mancher Länder.

Die heute eingesetzten Flugzeugträger der US Navy sind hauptsächlich Schiffe der *Nimitz*-Klasse, deren Indienststellung mit dem gleichnamigen Typschiff im Mai 1975 begann. Sie sind mit gut 330 m Länge, über 75 m Breite und einer Wasserverdrängung von maximal etwa 100.000 t die größten Kriegsschiffe weltweit. Zwei Nuklearreaktoren sorgen für den Antrieb, die Besatzungsstärke beträgt zwischen 5000 und 6000 Mann. Dabei ist knapp die Hälfte direkt mit dem Flugbetrieb betraut und verfügt an Bord über durchschnittlich 75 Flugzeuge. Vier Staffeln sind jeweils mit zehn bis zwölf Mehrzweckkampfflugzeugen vom Typ F/A-18 Hornet und Super Hornet ausgerüstet, die sowohl Aufklärung, Jagd- und Jagdbombeneinsätze übernehmen können. Zur elektronischen Kampfführung gibt es eine Staffel, die fünf EA-18 Growler im Bestand hat. Zusätzlich übernehmen die zweimotorigen E-2 Hawkeye in einer Größenordnung von bis zu vier Exemplaren die Funktion als Frühwarn- und Leitflugzeuge. Ein bis zwei C-2 Greyhound stehen im COD-Einsatz (Carrier Onboard Delivery), erfüllen also Versorgungs- und Transportaufgaben. Unterschiedliche Missionen, einschließlich der Nahbereichs-U-Boot-Abwehr, erfüllen bis zu 18 Mehrzweckhubschrauber vom Typ Seahawk. Ferner befinden sich leistungsfähige Radaranlagen sowie Luftabwehrkomplexe (Raketen und Kanonen) an Bord.

Nicht zuletzt besteht eine Trägerkampfgruppe neben dem Flugzeugträger aus bis zu zehn weiteren Schiffen wie Lenkwaffenkreuzer, Zerstörer, U-Boot und Versorgungsschiff. Die *USS George H.W. Bush* (CVN-77) als letzter Träger der *Nimitz*-Klasse steht seit 2009 im Dienst und verfügt bereits über Elemente der neuen Flugzeugträgerklasse, die mit der *USS Gerald R. Ford* (CVN-78) ab 2017 ihren Dienst antrat. Diese neuen Schiffe, die aktuellen Planungen zufolge bis etwa zum Jahr 2060 die *Nimitz*-Klasse ergänzen und schließlich ersetzen sollen, verfügen über einige wesentliche Neuerungen. Allein die Nuklearreaktoren sind mit je 300 MW Leistung (gegenüber je 100 MW bei der *Nimitz*-Klasse) wesentlich leistungsstärker als in den Vorgängerschiffen. Es gibt Änderungen an der Schiffsstruktur inklusive Flugdeck, es kommen neue Systeme auch im Radarbereich sowie die Nutzung von elektromagnetischen Schiffskatapulten statt den bisher verwendeten Dampfkatapulten hinzu. Zudem konnte die Besatzungsstärke verringert, die Einsatzfrequenz der Flugzeuge an Bord dagegen erhöht werden. Hauptaufgabe der US Navy war und ist die Interessen der Vereinigten Staaten sowie ihrer Verbündeten weltweit zu schützen und eine Abschreckungspolitik gegenüber möglichen Gegnern zu betreiben. Zusammen mit Über- und Unterwasserschiffen werden diese Aufgaben von den fliegenden Verbänden der US-Marine wahrgenommen und wenn nötig, mit Waffengewalt durchgesetzt. Neben Kampfflugzeugen stehen Seeüberwachungs- und Aufklärungsflugzeuge, Flugzeuge zur

Mit der USS Gerald R. Ford (CVN-78) wurde 2017 das Typschiff einer neuen Klasse in Dienst gestellt, die von zahlreichen Neuerungen profitiert. Das über zehn Milliarden US-Dollar teure Schiff besitzt eine Verdrängung von rund 100.000 t und kann 90 Flugzeuge an Bord nehmen. (Foto: US Navy)

In Begleitung der USNS Supply ist im Vordergrund die USS Wasp (LHD-1) als Typschiff einer Klasse sogenannter amphibischer Angriffsschiffe zu sehen. Die Wasp ging 1989 in Dienst, ist 257 m lang und hat eine Verdrängung von 40.600 t. Neben Marineinfanteristen und Fahrzeugen können auch Flugzeuge des Marine Corps von ihr aus eingesetzt werden, vor allem AV-8B und F-35B. (Foto: US Navy)

elektronischen Kampfführung, Tanker, U-Boot-Jäger, Kommunikationsflugzeuge, Transport- und Verbindungsmaschinen sowie weitere Spezialflugzeuge zur Verfügung. Ein Großteil davon ist auf den Flugzeugträgern der US Navy stationiert, sie und ihre Ausstattung erfuhren eine ständige Weiterentwicklung in den letzten Jahrzehnten.

Ab 1945 setzte sich bei den Kampfflugzeugen der Strahlantrieb durch und am 21. Juli 1946 absolvierte die XFD-1 Phantom als erster amerikanischer Jet Start und Landung auf dem Flugzeugträger *Franklin D. Roosevelt*. Der Strahlantrieb erforderte aber auch verschiedene Änderungen an den Trägerschiffen, denn diese Flugzeuge landeten und starteten mit höheren Gewichten und Geschwindigkeiten. Zudem verbrauchten sie mehr Treibstoff, welcher im Flugzeugträger oder in Begleitschiffen untergebracht werden musste und vieles mehr. Dies machte Modernisierungen der Träger bzw. später Schiffsneubauten unumgänglich. Mit dem Koreakrieg näherte sich die US Navy der bereits von der US-Luftwaffe praktizierten Verwendung von Pfeilflügeln an. Der Koreakrieg (1950-1953) war nach dem Zweiten Weltkrieg der nächste größere Konflikt, in dem die Fliegerkräfte der US-Marine involviert waren, wo sie Aufklärungs- und Angriffseinsätze, Luftnahunterstützung sowie Begleitschutzflüge und auch Luftkämpfe absolvierten – insgesamt 167.552 Einsätze. Mit 1254 Maschinen fielen aber auch die Flugzeugverluste der US Navy schmerzlich aus, allein 559 gab es durch gegnerisches Luftabwehrfeuer.

Ein Jahr nach Beendigung des Koreakriegs waren auch die ersten Überschalljets der Marineflieger einsatzklar und von da

Die ständigen Einsätze erfordern ein hohes Maß an Sicherheit, hier überprüfen Crewmitglieder einen Dampfkatapult auf der USS Abraham Lincoln. (Foto: US DoD)

an aus dem Arsenal nicht mehr wegzudenken. Sie versprachen noch höhere Leistungen und Kampfkraft, stellten aber zugleich höhere Ansprüche an die Piloten und das Flugdeckpersonal. Neben den trägergestützten Kampfflugzeugen verwendete und verwendet die US Navy auch zahlreiche Typen, die von Land aus Patrouillen- und Aufklärungsflüge sowie Abwehreinsätze gegen Über- und Unterwasserschiffe unternehmen oder Land und Einrichtungen oder aber auch vereinzelte Stützpunkte verteidigen. Doch gerade die Einsatzflugzeuge der Trägerkampfgruppen waren in den 1960er- und 1970er-Jahren stark gefordert, als in Südostasien ein neuer großer Krieg tobte. Mitte der 1960er-Jahre verfügte die US Navy über 24 Trägerschiffe, 15 als sogenannte Angriffsflugzeugträger (CVA) sowie neun zur U-Boot-Jagd (CVS). Trägergestützte Jagd-

Cat shot: Das Dampfkatapult beschleunigt hier eine F/A-18 Hornet in wenigen Sekunden auf Startgeschwindigkeit. Der Pilot hat seine Hand zu seiner eigenen Sicherheit an einem Haltegriff, denn die Beschleunigung ist enorm. (Foto: US Navy)

Eine Hornet unmittelbar vor dem Start. Im Vordergrund die Glaskanzel des ICCS (Integrated Catapult Control System). Von hier aus werden die Katapultstarts überwacht. (Foto: US Navy)

Mächtige Fangseile bringen die landenden Flugzeuge auf dem Träger in Sekunden zum Stehen. Wird keines erwischt, muss durchgestartet werden – man spricht dann von einem sogenannten »Bolter«. (Foto: US Navy)

Mit ausgefahrenem Fanghaken wird diese Super Hornet gleich Fangseil Nr. 2 auf der USS Kitty Hawk (CV-63) erwischen. Der Träger verfügt über vier Fangseile, um die Chancen einer erfolgreichen Landung zu erhöhen. (Foto: Alexander Golz)

bomber A-1 Skyraider und A-4 Skyhawk flogen dabei am 4./5. August 1964 die ersten amerikanischen Angriffe auf nordvietnamesische Einrichtungen, welche in der Folgezeit an Intensität zunahmen. Zum Schluss entfielen 52% aller über Nordvietnam geflogenen Einsätze auf Navy-Kampfflugzeuge, allein 1965 starteten sie von Flugzeugträgern aus zu rund 31.000 Einsätzen. Hierbei wurden 64.000 Tonnen Bomben abgeworfen und 128.500 Raketen verschossen; im gleichen Jahr der erste Luftsieg einer Navy-Maschine vermeldet. Insgesamt sollten es über 60 Luftsiege für Flugzeuge der US Navy werden, bis 1971 gingen aber auch 550 Maschinen verloren – viele durch Abschuss. Einen neuen Höhepunkt hatten die Operationen der US-Marine im Mai 1972 erreicht, als annähernd 7250 Einsätze geflogen wurden und sich sechs Flugzeugträger im Golf von Tonkin befanden. Während der Operation »Linebacker« 1972 waren es durchschnittlich 4000 Einsätze pro Monat, die Zielen in Nordvietnam galten. Am Ende des Konflikts im Mai 1975 waren schließlich Marine-Einheiten bei der Evakuierung von Personal aus der US-amerikanischen Botschaft in Saigon, Südvietnam, beteiligt. Jagdflugzeuge, in diesem Fall auch die erstmals eingesetzte F-14 Tomcat, flogen zur Sicherung der Operation Luftraumüberwachung.

Bis in die Gegenwart spielten die trägergestützten Kampfflugzeuge der US Navy in weiteren Konflikten eine wichtige Rolle. Unterstützt wurden sie hierbei von den fliegenden Verbänden des US Marine Corps (kurz Marines), einer eng mit der Navy verbundenen, aber eigenen Teilstreitkraft, für die 1912 als Gründungsjahr gilt. Über Jahre waren die frühen fliegenden Verbände der Marines ohne ein Hauptkommando verschiedenen Stäben unterstellt, was sich erst 1933 mit der Installierung der Fleet Marine Force One an der Westküste und der Fleet Marine Force Two an der Ostküste änderte. Heute ist das Aviation Combat Element (ACE) des Marine Corps auf vier Marine Aircraft Wings (MAW) aufgeteilt. Diese verfügen über mehrere Marine Aircaft Groups (MAG) mit zahlreichen Einsatz-, aber auch Umschulungs- und Trainingsstaffeln. Die Einsatzverbände dienen in erster Linie dazu, die Bodentruppen der Marines mit Transporten, Aufklärung und Angriffen zu unterstützen oder ihnen den Weg zum Gegner freizumachen. Marines-Kampfpiloten erhalten dieselbe Ausbildung wie die der US Navy und das verwendete Fluggerät ist oft gleich.

Mit den beiden Weltkriegen gewannen die Marines an Bedeutung und hatten ebenfalls Anteil an kriegsentscheidenden Gefechten. Im Koreakrieg waren es 107.303 Einsätze, die von Maschinen der Marines geflogen wurden und über Nordvietnam waren es später gute 5% aller Missionen. Heutzutage sind die fliegenden Verbände auf Landbasen sowie zahlreiche Schiffen der Atlantik- sowie Pazifikflotte verteilt, des Weiteren gibt es mehrere Reservestaffeln an der Ost- und Westküste der USA. Sie sind auch Teil verschiedener Flugzeugträgergeschwader und unterstützen Einsätze der Navy. Neben den auch von der US Navy verwendeten Kampfflugzeugen F/A-18 Hornet fliegen die Marines außerdem noch den Senkrechtstarter AV-8B Harrier II sowie mehrere Hubschraubermodelle, darunter auch Kampfhubschrauber. Mit Trägerschiffen der Navy, die als amphibische Angriffsschiffe bezeichnet werden, gelangen Flugzeuge und Marineinfanteristen an ihre Einsatzorte. Diese erstmals ab 1944 in Dienst gestellten Schiffe sind kleiner als die großen Flottenträger und haben eine maximale Wasserverdrängung um die 40.000 t, transportieren aber mit rund 2000 Marineinfanteristen samt Ausrüstung, Fahrzeugen und Landungsbooten eine beeindruckende Kampfkraft.

Zusammen besitzen US Navy und Marine Corps gegenwär-

Wird während der Landung kein Fangseil erwischt und es kann nicht durchgestartet werden, gibt es auf den Trägerschiffen aufstellbare Fangnetze aus Nylonsträngen, die an hydraulisch bewegten Stahlseilen befestigt sind. Diese FJ-4B Fury nutzte diese Barrikade im November 1960, die Belastung für den Piloten war dabei enorm. Das Flugzeug trägt in der Regel erhebliche Schäden davon, weswegen derartige Fangseile nur eingesetzt werden, wenn wirklich „nichts mehr geht". (Foto: National Museum of Naval Aviation Pensacola)

tig mehr als 4000 Flugzeuge und Hubschrauber, und eine beachtliche Anzahl davon ist auf den Trägerschiffen zu finden. Bis heute gehören Flugzeugträger zu den faszinierendsten Entwicklungen der Militärtechnik, verschlingen aber gleichfalls Unsummen an Geld. Die US-Trägerschiffe sind mobile Stützpunkte auf den Weltmeeren, die tagtäglich gewaltige Herausforderungen stemmen. Einen 24-stündigen Einsatzbetrieb aufrecht zu erhalten, verlangt an hohes Maß an Koordination, Konzentration und Leistungsvermögen. Zum großen Zusammenspiel der zahlreichen Systeme und der Crew an Bord zählen die nicht minder beeindruckenden Flugzeuge. Auf engstem Raum werden hier Dutzende dieser Maschinen zugleich gewartet, überprüft, betankt, mit Waffen bestückt, zum Start vorbereitet und in die Luft gebracht. Wetter und Seegang spielen dabei so gut wie keine Rolle. Auch bei der Landung nicht, die sich auch unter Einbeziehung aller technischen Hilfsmittel wie des Spiegelsystems sowie eines erfahrenen Landesignaloffiziers meistens nochmal um einiges anspruchsvoller gestaltet als eine Landung auf festem Boden. Viele Havarien in dem Jahrzehnte währenden Trägerbetrieb der US Navy legen Zeugnis ab vom Anspruch an Mensch und Maschine. Im Folgenden sollen nun die Flächenflugzeuge der US Navy und der Marines, die seit 1945 für den Einsatz für Flugzeugträger gebaut wurden, vorgestellt werden.

Bereits Realität: Eine unbemannte Drohne vom Typ Northrop Grumman X-47B startet im Juli 2013 völlig autonom vom Träger USS G. H.W. Bush. Sie hat bereits die Größe einer Super Hornet, verfügt über Stealth-Fähigkeiten, zwei interne Waffenschächte, eine Luftbetankungsanlage und deutet künftige Einsatzszenarien an. (Foto: US Navy)

Übersicht zu den Typ-Klassen Angriffs/Flottenträger (Stand 31.12.2018)

Typ-Klasse	Anzahl	Kennung	Indienststellung	Flugzeuge
Langley	1	CV-1	März 1922	34
Lexington	2	CV-2, 3	Dezember 1927	90 - 120
Ranger	1	CV-4	Juni 1934	70 - 85
Yorktown	2	CV-5, 6	September 1937	80 - 95
Wasp	1	CV-7	April 1940	80
Hornet	1	CV-8	Oktober 1941	80 - 90
Essex	10	CV-9-13, 16-18, 20, 31	Dezember 1941	80-100
Ticonderoga (auch Long-Hull Essex)	14	CV-14, 15, 19, 21, 32-34, 34-40, 45, 47	Mai 1944	80 - 100
Independence	9	CVL-22-30	Januar 1943	34
Midway	3	CVB-41-43	September 1945	65 - 100
Saipan	2	CVL-48, 49	Juli 1946	40 - 50
Forrestal	4	CVA-59-62	Oktober 1955	85
Kitty Hawk	4	CVA-63, 64, 66, 67	April 1961	85
Enterprise	1	CVAN-65	November 1961	85 - 110
Nimitz	10	CVN-68-77	Mai 1975	85
Gerald R. Ford	1	CVN-78	Juli 2017	90

Übersicht zu den gebauten Geleitflugzeugträgern

Typ-Klasse	Anzahl	Kennung	Indienststellung	Flugzeuge
Long Island	1	CVE-1	Juni 1941	21
Charger	1	CVE-30	März 1942	21
Bogue	11	CVE-9, 11-13, 16, 18, 20, 21, 23, 25, 31	September 1942	28
Sangamon	4	CVE-26-29	August 1942	25 - 30
Casablanca	50	CVE-55-104	Juli 1943	28
Commencement Bay	19	CVE-105-123	November 1944	34

Übersicht zu den gebauten amphibischen Angriffsschiffen

Typ-Klasse	Anzahl	Kennung	Indienststellung	Flugzeu-ge/Helis
Iwo Jima	7	LPH-2, 3, 7, 9-12	August 1961	30
Tarawa	5	LHA-1-5	Mai 1976	25 - 32
Wasp	8	LHD-1-8	Juli 1989	34 - 40
America	3	LHA-6-8	Oktober 2014	36 - 38

Anmerkung: Für jeweils fünf bis zehn Jahre dienten auch die Flugzeugträger USS Boxer, Princeton, Thesis Bay und Valley Forge als amphibische Angriffsschiffe LPH-4, 5, 6 und 8. Von der America-Klasse sind weitere Einheiten zur Ablösung der Wasp-Klasse geplant.

Bewährtes aus dem Zweiten Weltkrieg

Nach dem Ende des Zweiten Weltkriegs wurde auch bei US Navy und US Marine Corps in großem Maßstab Personal und Technik reduziert. Das betraf die meisten Trägerschiffe, deren Anzahl von 98 im Jahr 1945 auf 25 im Jahr 1946 sank, und die trägergestützten Flugzeuge gleichermaßen. Allein der Bestand an Kampfflugzeugen wurde innerhalb eines Jahres halbiert, viele Typen wurden endgültig ausgemustert. Einige aus der Zeit des Zweiten Weltkriegs wurden aber aufgrund ihrer Leistungsfähigkeit, Robustheit und Flexibilität oder auch den vorhandenen Stückzahlen weiter verwendet, manche waren auch in der Nachkriegszeit nützliche Flugzeuge mit guten Parametern und wurden zum Teil auch in neuerlichen Konflikten wie dem Koreakrieg verwendet.

Die **Curtiss SB2C Helldiver**, ein einmotoriger Sturzkampfbomber, flog bereits 1940 erstmals, erlangte aber erst 1943 die Einsatzreife. Von Flugzeugträgern aus konnte die SB2C bis zu 900 kg Bomben oder einen Torpedo zum Einsatz bringen. Die bis zu 470 km/h schnelle Maschine wurde sowohl von Navy als auch dem Marine Corps verwendet und in großer Stückzahl von mehr als 7000 Exemplaren in mehreren Baureihen hergestellt. Die Helldiver verfügte mit 1875 km über eine beachtliche Reichweite sowie eine hohe Zielgenauigkeit. Andererseits galt sie als untermotorisiert und wartungsintensiv, die Start- und Landeeigenschaften waren anspruchsvoll. Im Pazifik recht erfolgreich, wurden nach dem Ende des Zweiten Weltkriegs zahlreiche Exemplare bis 1947 in operationellen Einsatzstaffeln der US-Marine und noch verschiedenen Trägerschiffen wie der *USS Boxer* oder *Franklin D. Roosevelt* eingesetzt und im Reservestatus zwei weitere Jahre geflogen.

Im August 1941 startete der Prototyp der **Grumman Avenger** zu seinem Erstflug und ging schon Anfang des darauf folgenden Jahres in Serienproduktion. Ab März 1942 fungierte auch die Eastern Division von General Motors als Lieferant des Torpedobombers. Während die Grumman-Ausführungen TBF Avenger hießen, trugen die von General Motors das Kürzel TBM. Letztlich wurden insgesamt 9839 Avenger gebaut, wobei der Großteil (7546 Exemplare) von General Motors abgeliefert wurde. Der erste Kampfeinsatz der Avenger erfolgte am 4. Juni 1942 in der Schlacht von Midway und verlief nicht sonderlich erfolgreich. Von den sechs eingesetzten Maschinen wurden fünf abgeschossen, die sechste schwer beschädigt, sodass auch diese abgeschrieben werden musste. Danach allerdings wurden zahlreiche erfolgreiche Einsätze durchgeführt und Dutzende von gegnerischen Schiffen versenkt.

Nach dem Zweiten Weltkrieg nutzen Einsatzverbände sowie Reserveeinheiten der US Navy die TBM-3E als Torpedobomber mit der Möglichkeit zur Mitnahme eines AN/APS-4-Radars unter dem rechten Tragflügel, die TBM-3S und TBM-3S2 als U-Boot-Jäger mit entsprechender Ausrüstung zur Suche und Bekämpfung, die TBM-3U als Mehrzweckflugzeug einschließlich Zielschlepper sowie die TBM-3W und W2 zur U-Boot-Suche mit einem weitreichenden AN/APS-20-Radar. Letztere operierten zur U-Boot-Abwehr dann zusammen mit der TBM-3S im sogenannten »Hunter/Killer«-Team. Außerdem gab es verschiedene Umrüstversionen etwa für Nachtangriffe oder für ECM-Aufgaben (Electronic Counter Measures – elektronische Gegenmaßnahmen). Einige wurden auch im Koreakrieg zu verschiedenen Zwecken wie dem Verwundetentransport eingesetzt. TBM-3R waren die ersten Flugzeuge, die das neue Aufgabengebiet Carrier Onboard Delivery (COD) zur Versorgung der Flugzeugträger erschlossen. Hierzu wurden sie ihrer Waffen und Panzerung entledigt. Dafür konnten im Waffenschacht und in zusätzlichen Transportkörben bis zu 700 kg Fracht untergebracht oder im Rumpf bis zu sieben Sitze zum Personentransport installiert werden. Zuerst in der Staffel VR-21 geflogen, gingen sie mit maximal 1500 km Reichweite oft bis an das Limit ihrer Leistungsfähigkeit. Die letzten U-Boot-Jäger TBM-3S wurden von der Staffel VS-27 im Jahr 1954 außer Dienst gestellt, die letzten TBM-3W2 wurden noch bis 1956 im Reservestatus geflogen.

Die Avenger war ein in Ganzmetallbauweise hergestellter, robuster Mitteldecker, zur besseren Unterbringung an Bord von Flugzeugträgern waren die Tragflächen zur Seite klappbar. In der Kabine fanden drei Besatzungsmitglieder – Pilot, Bombenschütze sowie Funker – hintereinander Platz. Als Antrieb diente ein Wright-Motor mit 1305 kW Leistung und erlaubte eine Höchstgeschwindigkeit von 430 km/h.

Als erfolgreichster Jäger der US Navy im Zweiten Weltkrieg gilt die **Grumman F6F Hellcat**, mit der die Piloten ein phänomenales Abschussverhältnis von 19:1 erzielten. Die Hellcat flog im Juni 1942 zum ersten Mal und wurde nach Anlauf der Serienproduktion schon Anfang 1943 in Dienst gestellt. Ers-

Wenn Funkstille herrschte, wurden Nachrichten direkt über dem Deck abgeworfen, wie diese Avenger demonstriert. Auf dem Geleitflugzeugträger stehen weitere Avenger, beachtenswert die zurückgeklappten Tragflächen – eine Spezialität von Grumman. (Foto: National Museum of Naval Aviation Pensacola)

te Einsatzstaffel war VF-9, die den Jäger auf der Naval Air Station (NAS) Oceana, Virginia, in Empfang nahm. In hohem Tempo erfolgte die Zuführung an die Trägerkampfgruppen auf den Schiffen der *Essex* und *Independence*-Klasse, ab August 1943 erfolgten die ersten Kampfeinsätze im Pazifik. In mehr als 66.500 Einsätzen konnten Navy- und Marine Corps-Piloten 5156 Luftsiege über gegnerische Flugzeuge erringen und das in einer relativ kurzen Einsatzzeit von zwei Jahren. Die mit Tiefdeckertragwerk, Einziehfahrwerk und einem Pratt & Whitney-Motor ausgestattete Hellcat wurde bis Ende 1945 in einer Stückzahl von beachtlichen 12.275 Exemplaren hergestellt. Hierbei gab es mehrere Versionen, die unterschiedliche Modelle des Motors oder zusätzliche Avionikbaugruppen, wie etwa Radargeräte zur Nachtjagd, nutzten. Die F6F wog beim Start maximal 6990 kg und erreichte eine Höchstgeschwindigkeit von 611 km/h. Die Steigleistung war mit über 17 m/s für einen Kolbenmotorjäger herausragend. Mit Kriegsende waren Einsatzstaffeln samt Flugzeugen in großem Umfang ausgemustert worden, viele Hellcat wurden zu Zieldrohnen umgebaut. Auf Flugzeugträgern waren F6F-5 bis 1948 im Einsatz. Interessanterweise wurden noch im August 1952 unbemannte und dafür mit Sprengstoff beladene F6F-5K von der *USS Boxer* aus zu sechs Angriffen auf nordkoreanische Ziele gestartet. Die letzten Nachtjäger F6F-5N schieden Mitte 1954 bei der US Navy aus dem Dienst, beim Marine Corps nur kurze Zeit später.

Die **Vought F4U Corsair** war das Resultat einer Navy-Forderung nach einem bordgestützten Jagdflugzeug. Hierbei wollten die Ingenieure eine möglichst kleine Flugzeugzelle mit dem stärksten zur Verfügung stehenden Motor vereinen. So kam ein 18-Zylinder-Doppelsternmotor von Pratt & Whitney zum Einbau, der über einen gewaltigen Vierblatt-Propeller verfügte und eine große Bodenfreiheit erforderte. Dies wiederum führte zur Konstruktion der markanten Knickflügel, die zudem weitere Vorteile wie eine ausreichende Flügelfläche oder den Einbau recht kurzer, einziehbarer Hauptfahrwerksbaugruppen am Knickpunkt bot. Für den Trägereinsatz waren die Flügel nach oben faltbar, hinter dem Spornrad am Heck gab es einen Fanghaken. Ein erster Prototyp begann am 29. Mai 1940 mit der Flugerprobung und Mitte 1941 bestellte die US Navy mehrere Hundert Serienmaschinen. Allerdings waren einige Modifikationen etwa im Bereich der Bewaffnung oder die Verlegung des Cockpits um 0,91 m nach hinten mit dem Auftrag gekoppelt. Im Juni 1942 flog die erste Serienmaschine, im darauf folgenden Monat erreichten die ersten Lieferungen die Marine Corps-Einheit VMF-124. Die Trägererprobung zeigte zwischenzeitlich einige Mängel wie z.B. die schwierigen Landeeigenschaften oder eine ungenügende Sicht nach vorn auf, sodass die Navy das Flugzeug vorläufig nicht im Flugzeugträgerbetrieb verwendete. Bei der verbesserten F4U-1A war das Cockpit angehoben und eine neue Rundumsichthaube eingeführt worden, mit der VF-17 gab es die erste US Navy-Staffel als Nutzer dieses Typs ab April 1943. Um die Großserienaufträge für die Corsair zu realisieren, fertigten neben Vought auch die Unternehmen Brewster und Goodyear das Flugzeug als F3A bzw. FG-1. Zum anderen gelangten neue Versionen mit verschiedenen Aufwertungen im Antriebs- oder Waffensektor in die Produktion, es gab Ausführungen als Nachtjäger, Aufklärer und Jagdbomber.

Mit der Jagdbomberbaureihe F4U-5, deren Prototyp im April 1946 erstmals flog, entstand die erste Nachkriegsausführung. Mit modifiziertem Triebwerk ausgestattet, gelangten bis Oktober 1951 auch die F4U-5N und NL als Nachtjäger sowie die F4U-5P zu Aufklärungszwecken zur Auslieferung. Mit der XF4U-6 erschien der Prototyp eines weiterentwickelten Jagdbombers für Tiefflugangriffe, ausgestattet mit einer verstärkten Panzerung, einer größeren Waffenlast von bis zu 1814 kg und damit einer erhöhten Startmasse von bis zu 8799 kg sowie einer neuen Version des R-2800-Motors mit 1715 kW Leistung. Dieser Typ wurde 1952 als AU-1 in Serie gebaut. Bis auf das Triebwerk, es war mit 1827 kW nochmals stärker, war auch die letzte Baureihe der Corsair, die F4U-7, mit diesem Jagdbomber baugleich und beendete die zehnjährige Produktion im Dezember 1952 nach insgesamt 13 Varianten und nicht weniger als 12.571 Exemplaren.

Die Corsair wurde während des Zweiten Weltkriegs zu einem Erfolgsmuster für US Navy und Marine Corps, das von Flugzeugträgern und Landbasen zu zahllosen Einsätzen startete

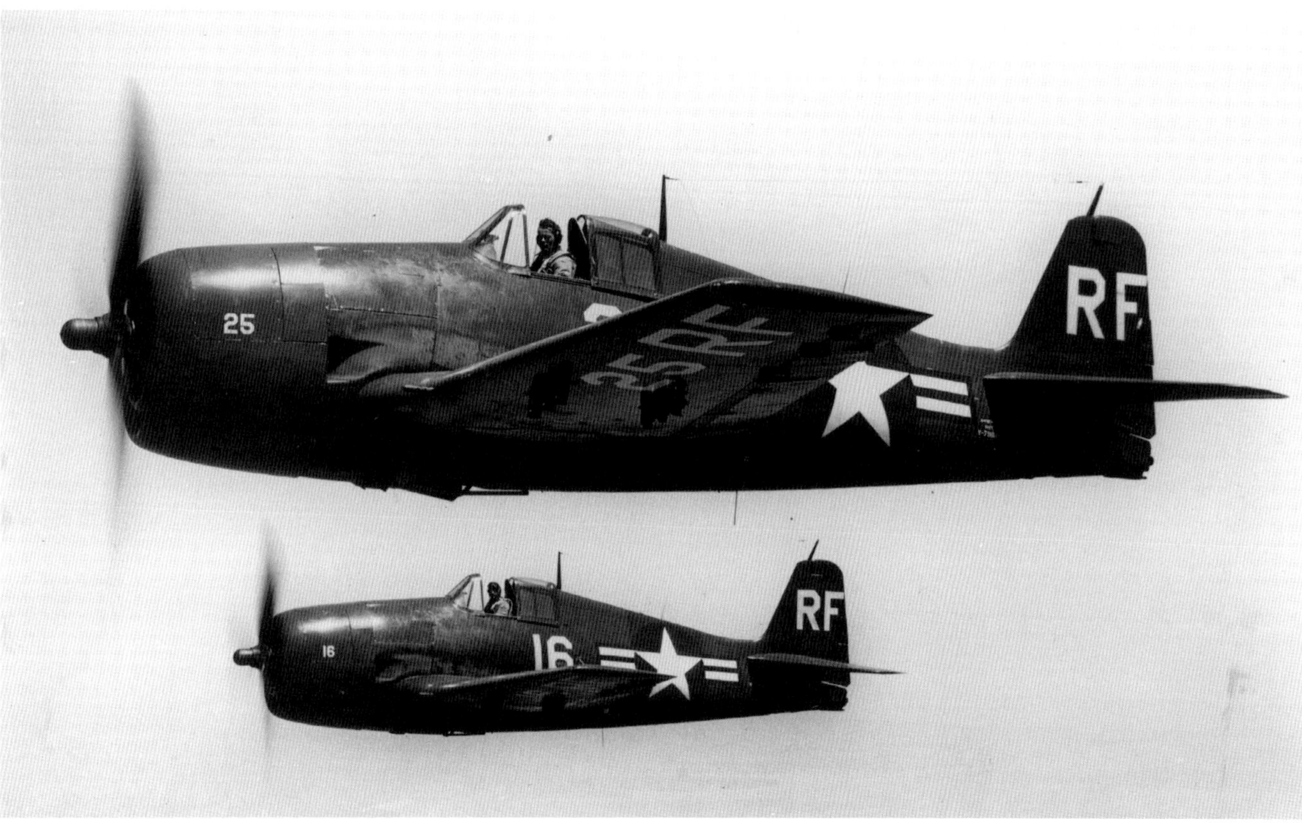

Die Grumman Hellcat, hier in der Version F6F-5, wurden noch bis Anfang der 1950er-Jahre von US Navy und Marine Corps geflogen. (Foto: National Museum of Naval Aviation Pensacola)

Im September 1951 kehren diese Corsair nach einem Einsatz über Korea zu ihrem Träger, der USS Boxer (CV-21), zurück. (Foto: US DoD)

und sowohl als Jagdflugzeug als auch bei Angriffen auf Bodenziele sehr erfolgreich war. Allein im Pazifik konnte sie bei Luftkämpfen insgesamt 2140 japanische Flugzeuge abschießen bei nur 189 eigenen Verlusten, was einem Verhältnis von 11:1 entspricht. Mit der Fortführung der Produktion nach Kriegsende stand das Flugzeug für weitere Jahre im Dienst der US-Marineflieger und mit dem Ausbruch des Koreakriegs im Juni 1950 kam die Corsair erneut von Trägerschiffen sowie von Landstützpunkten aus zum Einsatz. Allein in den ersten zehn Monaten des Koreakriegs flogen Flugzeuge vom Typ Corsair 82% aller taktischer Unterstützungsmissionen der US Navy und des Marine Corps, attackierten dabei Bodenziele, flogen Begleitschutz und Aufklärungseinsätze.

Zuerst gelangten Corsairs der US Navy-Einheiten VF-53 und VF-54 mit der *USS Valley Forge* zum Kriegsschauplatz und griffen Flugplatzeinrichtungen in Nordkorea an. Ab August 1950 absolvierten Maschinen der Staffeln VMF-214, VMF-323 und VMF(N)-513, letztere mit Nachtjägern F4U-5N ausgerüstet, als erste Marine Corps-Einheiten Kampfeinsätze von der *USS Sicily* aus und attackierten gegnerische Armeeverbände. 21 Navy- sowie acht Reserveeinheiten der Navy waren mit ihren Corsair in diesen Konflikt involviert, mindestens fünf der Marine Corps operierten von Flugzeugträgern, aber auch Landbasen aus mit diesem Flugzeug. Neben einigen Luftsiegen über propellergetriebene Flugzeuge des Gegners gelang es am 10. September 1952 einer F4U-4B einen Strahljäger MiG-15 abzuschießen. Luftkämpfen fielen aber auch mindestens acht Corsair zum Opfer und die Gesamtverluste im Koreakrieg werden auf 312 beziffert. Nach dem Waffenstillstand im Juli 1953 wurde die Corsair schnell in ihre Heimat zurückgeführt, Ende desselben Jahres waren von 28 Navy- sowie sieben Marine Corps-Staffeln, die das Flugzeug einsetzten, nur noch sieben bzw. drei aktiv. Im Dezember 1955 stellte die VC-4 die letzten F4U außer Dienst, zwei Jahre später endete auch der Reservestatus des Kampfflugzeugs.

Im Koreakrieg war die F4U-4 Corsair ein wichtiger Jagdbomber. Diese Maschine gehört zur Marines-Staffel VMF-212 und steht hier Anfang 1952 auf dem Geleitflugzeugträger USS Badoeng Strait (CVE-116) zum Start bereit. (Foto: National Museum of Naval Aviation Pensacola)

Die Trägerflugzeuge seit 1945

Ryan FR-1 Fireball

Als erster strahlgetriebene Jäger der US-Marine landete am 21. Juli 1946 die McDonnell FH-1 Phantom auf einem Flugzeugträger. Doch noch vor diesem historischen Tag nutzte ein anderes Flugzeug, wenn auch nicht planmäßig, ein Strahltriebwerk zur Landung auf einem Trägerschiff. Das war am 6. November 1945 auf dem Geleitflugzeugträger *USS Wake Island* und bei dem Flugzeug handelte es sich um eine Ryan FR-1 Fireball. Diese besaß einen Hybridantrieb mit Kolbenmotor im Vorderrumpf und einer Strahlturbine im Heck, doch versagte der Kolbenmotor während des Landeanflugs. Praktisch machte Pilot J.C. West aus der Not eine Tugend, startete die Strahlturbine und schaffte es damit, das letzte Fangseil des Trägerdecks zu erwischen und mit dem Flugzeug sicher zum Stillstand zu kommen.

Der erste strahlgetriebene Jäger der USA, die Bell P-59, wurde gleichfalls von der US Navy getestet, überzeugte aber nicht. Der US-Marine erschienen die durch den Jetantrieb verursachten hohen Landegeschwindigkeiten und -strecken, der hohe Treibstoffverbrauch sowie eine zu geringe Schubleistung etwa für Durchstartmanöver auf Trägerschiffen zu unausgereift und für den Flugzeugträgereinsatz als zu riskant. Die Suche nach Alternativen führte Ende 1942 zunächst zur Beauftragung von Konzepten mit aus Kolbenmotor und Turbine bestehendem Mischantrieb. Der Kolbenmotor war in erster Linie für die Trägerstarts und -landungen sowie den Marschflug vorgesehen, die Strahlturbine sollte das Flugzeug im Zielanflug beschleunigen. Ryan gewann die Ausschreibung, ein Auftrag für drei fliegende Prototypen sowie eine Zelle für Belastungstests am Boden folgte im Februar 1943. Bestellungen über 100 Serienmaschinen und später noch einmal 600 weitere stimmten den Hersteller optimistisch.

Die erste, XFR-1 genannte Versuchsmaschine begann die Flugerprobung am 25. Juni 1944 zunächst nur mit Kolbenmotor und Testpilot Robert Kerlinger am Steuer. Die Strahlturbine wurde einige Tage später eingebaut und erste Flüge damit im Juli unternommen. Wenngleich das neue Flugzeug schnell mit Geschwindigkeit und Manövrierfähigkeit punkten konnte, gab es Probleme aufgrund struktureller Schwächen. Noch während der Testflüge verunglückte im Oktober 1944 Cheftestpilot Kerlinger und im Folgejahr kam es zu weiteren Abstürzen. Zu jener Zeit benötigte man dringend ein geeignetes Flugzeug zur Bekämpfung der japanischen Kamikazeflieger, die Erprobung verlief deshalb durch Hersteller und dem Naval Air Test Center in Patuxent River in rasantem Tempo. Zugleich wurde die Serienproduktion der FR-1 eingeleitet und 1945 begannen die Eignungstests auf dem Flugzeugträger *USS Charger*. Die im Herbst 1944 formierte und ab Januar 1945 offiziell VF-66 »Firebirds« genannte Staffel wurde ganz in der Nähe des Ryan-Herstellerwerkes auf der

Flugzeugtyp	**FR-1 Fireball**
Verwendung	Jagdflugzeug
Besatzung	1
Triebwerk	ein Wright R-1820-72W mit 1060 kW und ein General Electric J31-GE-3 mit 7,1 kN
Spannweite	12,19 m
Länge	9,85 m
Höhe	4,24 m
Flügelfläche	25,54 m²
Leermasse	3488 kg
Startmasse	max. 5285 kg
Höchstgeschwindigkeit	680 km/h
Steiggeschwindigkeit	24,4 m/s
Dienstgipfelhöhe	8400 m
Reichweite	mit Zusatztanks 2600 km
Bewaffnung	vier 12,7-mm-MG M2 mit je 300 Schuss und optional bis zu 908 kg Bomben, ungelenkte Raketen an zwei bis vier Aufhängepunkten

Mit hochgeklappten Tragflächen sind zwei FR-1 der Staffel VF-66 im Frühjahr 1945 während der Trägerqualifikation an Bord der USS Ranger (CV-4) zu sehen. (Foto: National Museum of Naval Aviation Pensacola)

Die Segelstellung der Propellerblätter verrät, dass diese Fireball gerade das Strahltriebwerk benutzt. (Foto: National Museum of Naval Aviation Pensacola)

Eine FR-1 befindet sich auf einem Deckslift, der Motor läuft bereits und die Tragflächen falten sich nach unten. (Foto: National Museum of Naval Aviation Pensacola)

NAS North Island im kalifornischen San Diego aufgestellt und erhielt ihre ersten Fireballs im März 1945. Drei der FR-1 wurden am 1. Mai auf die *USS Ranger* verschifft, um die Trägerqualifikation durchzuführen. Diese wurde stark verzögert, als zwei der Flugzeuge durch Landeunfälle vorerst ausfielen. Letztlich sollte die Trägerqualifikation auch dem bevorstehenden Einsatz auf dem pazifischen Kriegsschauplatz dienen, zu dem es letztendlich doch nicht kam. Japan unterzeichnete bekanntlich am 2. September 1945 die Kapitulation, die Staffel VF-66 wurde am 18. Oktober des gleichen Jahres deaktiviert. Alle Flugzeuge und auch das Personal dieser Einheit gingen zeitgleich in der Staffel VF-41 auf, welche auch den Namen »Firebirds« übernahm. Schon im November wurden FR-1 und dazugehörige Piloten auf die *USS Wake Island* zu weiteren Qualifikationen abkommandiert, wo dann auch die eingangs erwähnte Landung mit eingeschaltetem Strahltriebwerk stattfand. Mit dem Ende des Zweiten Weltkriegs stellte man die Produktion der Fireball nach 66 Serienmaschinen ein. Nach der Übernahme der Flugzeuge und des dazu gehörigen Personals von VF-66 zu VF-41, wurde die Staffelbezeichnung am 15. November 1946 nochmals in VF-1E geändert. Es folgten weitere Fahrten an Bord der Flugzeugträger *USS Badoeng Strait* und *Rendova*. Auch hier gab es mehrere Havarien mit Fahrwerksbrüchen und das Lastlimit der Flugzeuge wurde wegen struktureller Schwächen auf 5g herabgestuft. Im Juni 1947 zerbrach eine FR-1 bei einer harten Landung auf der *USS Rendova* in zwei Teile, was zum Flugverbot der gesamten Fireball-Flotte und schließlich zur Ausmusterung des Typs bei der US-Marine führte.

Auch wenn viele FR-1-Piloten die Beschleunigungswerte sowie Steigleistung schätzten, waren die Leistungen der FR-1 keinesfalls besser als die anderer zeitgenössischer, nur mit Kolbenmotoren ausgerüsteter Jagdflugzeuge. Und neue Typen mit Strahltriebwerken überflügelten auch bald das Konzept des Hybridantriebs, sodass selbst Weiterentwicklungen der Fireball als XFR-4 und XF2R-1 trotz besserer Leistungen keine Chance mehr auf eine serienmäßige Anwendung hatten.

Einsatzstaffeln:
VF-66, VF-41

Am Heck dieser FR-1 ist gut die Schubdüse des Strahltriebwerks zu erkennen, das über gabelförmige Lufteinlässe in den Tragwerkswurzeln verfügte. (Foto: National Museum of Naval Aviation Pensacola)

Grumman F8F Bearcat

Grumman hatte mit den einmotorigen, bordgestützten Jagdflugzeugen F4F Wildcat und F6F Hellcat hervorragende Modelle in großen Stückzahlen abgeliefert. Die zweimotorige F7F Tigercat fiel etwas aus der Rolle: sie wurde zwar trägererprobt, aber letztlich von den Marines nur landgestützt verwendet. Mit der F8F Bearcat hingegen sollte das alte Erfolgsschema fortgesetzt werden. Sie sollte ihre einmotorigen Vorgänger nicht nur ergänzen und ersetzen, sondern von Flugzeugträgern jeder Größe, also auch kleinen Trägerschiffen aus operieren können.

Nach einer Anforderung der US Navy begann 1943 die Entwicklung der F8F als Entwurf G-58, welcher in der Konzeption seinen Vorgängern ähnelte. Grundsätzlich wurde die Flugzeugzelle kleiner und leichter konstruiert, aber mit einem ebenso starken 18-Zylinder-Sternmotor mit Vierblattpropeller ausgerüstet, was letztlich zu höherer Geschwindigkeit, Steigleistung und Wendigkeit führte. Die in Metallbauweise gefertigte F8F besaß Tiefdeckerflügel, deren letztes Drittel für eine bessere Bordunterbringung nach oben klappbar war. Das dreiteilige, jeweils einfach bereifte Heckradfahrwerk wurde einziehbar gestaltet. Neben der fest in den Tragflächen installierten Bordbewaffnung konnten extern Waffen wie Bomben oder ungelenkte 127-mm- oder 292-mm-Raketen oder aber Kraftstoffzusatz-

Flugzeugtyp	**F8F-1B Bearcat**
Verwendung	Jagdflugzeug
Besatzung	1
Triebwerk	ein Pratt & Whitney R-2800-34W »Double Wasp« mit 1566 kW
Spannweite	10,92 m
Länge	8,61 m
Höhe	4,21 m
Flügelfläche	22,67 m²
Leermasse	3207 kg
Startmasse	max. 5873 kg
Höchstgeschwindigkeit	589 km/h
Steiggeschwindigkeit	17 m/s
Dienstgipfelhöhe	10.607 m
Reichweite	1778 km
Bewaffnung	vier 20-mm-MK M3 mit je 200 Schuss sowie bis 908 kg Bomben oder ungelenkte Raketen an zwei bis drei Aufhängepunkten

Auf der USS Valley Forge (CV-45) erhält eine F8F-1 im August 1948 Startfreigabe. Typischerweise waren Flugdecks noch mit Holz beplankt. (Foto: National Museum of Naval Aviation Pensacola)

Diese drei F8F-1 gehören zur Carrier Aircraft Service Unit 5 (CASU-5) und befinden sich Ende 1945 in der Nähe von San Diego. Die Piloten genießen das »Cabrio-Feeling« mit offenem Cockpit (Foto: National Museum of Naval Aviation Pensacola)

behälter mitgeführt werden, des Weiteren erhielt das Flugzeug Panzerung und selbstdichtende Tanks.

Die Flugerprobung des ersten von zwei XF8F-1 genannten Prototypen wurde am 31. August 1944 aufgenommen und bereits zwei Monate später bestellte die Navy mehr als 2000 Serienexemplare. Weitere Maschinen wurden im Februar 1945 bestellt, als General Motors als zusätzlicher Hersteller des Flugzeugs hinzu kam. Der zweite Prototyp flog ab Dezember 1944 und erhielt einen weiterentwickelten R-2800-Motor mit Wassereinspritzung.

Die im kalifornischen Los Alamitos beheimatete Navy-Staffel VF-19 (im August 1948 in VF-191 umbenannt) begann den operationellen Einsatz mit der Serienausführung F8F-1 im Frühjahr 1945, führte im Juli Trägerqualifikationen auf der *USS Takanis Bay* durch und verlegte im nachfolgenden Monat auf den leichten Flugzeugträger *USS Langley*. Die F8F erreichten aber den pazifischen Kriegsschauplatz zu spät, um noch in den Kampf gegen Japan einzugreifen. Nachfolgend wurden die Serienaufträge verringert, der für General Motors vollständig gestrichen.

Der Hauptserienvariante F8F-1 folgte die F8F-1B, die bis 1947 ausgeliefert wurde und statt der vier 12,7-mm-MG M2 mit je 300 Schuss vier 20-mm-Kanonen M3 mit je 200 Schuss als Bordbewaffnung erhielt. Die Staffel VF-3A erhielt im März 1948 als erste die F8F-1B, im selben Jahr wurde die Einheit in VF-31 umbenannt. Außerdem entstand schon 1945 als Ableitung ein Dutzend der Nachtjägerversion F8F-1N, welche mit einem AN/APS-19-Radar ausgerüstet waren. Allerdings verminderte dieses unter dem Tragwerk angebrachte Gerät die Leistungen des Flugzeugs erheblich.

Die 20-mm-Kanonen einer F8F-2 werden aufmunitioniert. (Foto: National Museum of Naval Aviation Pensacola)

Einsatzstaffeln (Auswahl):
VC-61, 62
VCN-1, 2
VF-11, 12, 13, 31, 32, 33, 34, 52, 62, 63, 72, 73, 80, 111, 112, 131, 132, 152, 171, 173, 191, 192, 193, 194
VMFT-10, 20
VU-2, 3, 4, 5

Dreiseitenriss F8F Bearcat (Zeichnung: Manfred Meyer)

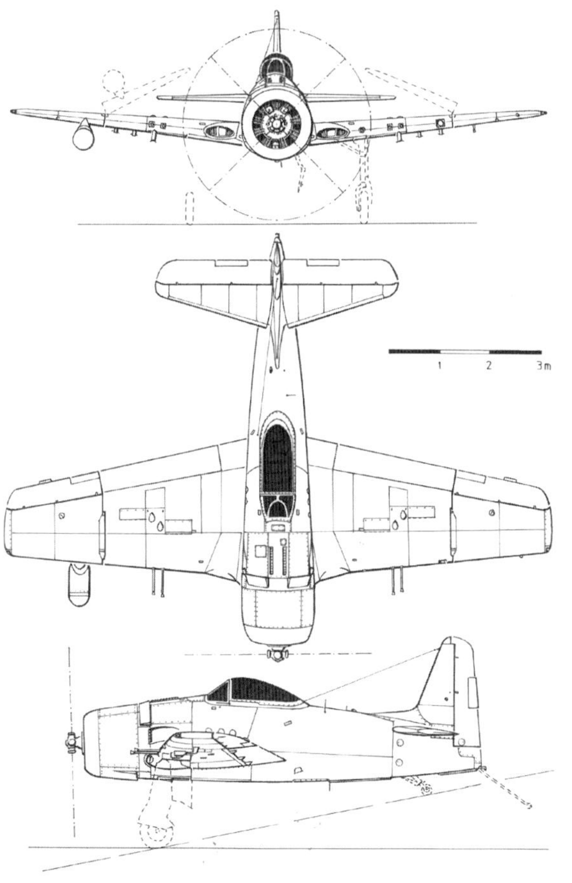

Die weiterentwickelte F8F-2 besaß strukturelle Veränderungen, einen modifizierten R-2800-30W-Motor mit Wassereinspritzung und damit 1678 kW Leistung sowie eine vergrößerte Seitenflosse. Diese Bearcat-Variante flog im Juni 1947 erstmalig und brachte als Ableitungen den Nachtjäger F8F-2N mit AN/APS-19-Radar-Equipment sowie den Fotoaufklärer F8F-2P mit Kameraausrüstung hervor, die durch Umrüstung von zwölf bzw. 60 Exemplaren bis Mai 1949 entstanden. Neben den genannten gab es außer zwei zivil registrierten G-58A noch weitere Versionen, welche aber lediglich Testmaschinen darstellten.

Im Jahr 1948 betrieb die US Navy die Bearcat in insgesamt 24 Staffeln. Bei den Marines hingegen erreichte sie keinen operationellen Status. Lediglich eine Handvoll diente in den Marine Corps-Schulungseinrichtungen in El Toro, Kalifornien, Quantico, Virginia, sowie Cherry Point, North Carolina, dem Training von angehenden Piloten sowie dem Bodenpersonal.

Die letzten Bearcats wurden im Mai 1949 ausgeliefert und die Serienherstellung nach insgesamt 1265 Flugzeugen beendet. 1950 begann die Überstellung von F8F an mindestens acht Reservestandorte, der Dienst endete offiziell Anfang 1953 mit der Ausmusterung bei den Reservestaffeln VF-859 und VF-921.

Die F8F hatte hervorragende Flugeigenschaften und gilt vielen als das beste bordgestützte, einsitzige Flugzeug mit Kolbenmotorantrieb. Sie setzte praktisch einen Höhepunkt in dieser Kategorie.

Martin AM-1 Mauler

Flugzeugtyp	AM-1 Mauler
Verwendung	Angriffsflugzeug
Besatzung	1
Triebwerk	ein Pratt & Whitney R-4360-4W mit 2235 kW
Spannweite	15,24 m
Länge	12,55 m
Höhe	5,13 m
Flügelfläche	46,08 m²
Leermasse	6575 kg
Startmasse	max. 10.608 kg
Höchstgeschwindigkeit	591 km/h
Steiggeschwindigkeit	15,9 m/s
Dienstgipfelhöhe	9295 m
Reichweite	2896 km
Bewaffnung	vier 20-mm-MK M3 mit je 200 Schuss sowie bis 2041 kg Bomben, Minen, Torpedos, ungelenkte Raketen an 15 Aufhängepunkten

Unter Berücksichtigung der ersten Kampferfahrungen im Zweiten Weltkrieg forderte die US Navy ein neues bordgestütztes, für Sturzflug- und Torpedoeinsätze taugliches Muster. Die Firma Martin entwickelte 1943 das Modell 210 und erhielt den Auftrag zum Bau zweier Prototypen XBTM-1. Der erste von ihnen begann am 29. August 1944 mit der Flugerprobung und angesichts der fortdauernden Kampfhandlungen im Pazifik wurde Anfang 1945 ein Serienauftrag über 750 BTM-1 erteilt. Zwischenzeitlich offenbarten sich einige Probleme. Neben der schieren Größe des Flugzeugs inklusive Tragwerksfläche war da der gewaltige 28-Zylinder-Motor R-4360 mit 2235 kW Leistung. Das starke Drehmoment sowie der über 4 m durchmessende Propeller machten die Maschine anspruchsvoll in der Steuerung. Die zur Steuerung unterstützende Hydraulik war kompliziert und einige Baugruppen etwa die Rückenflosse zum Leitwerk oder der Fanghaken mussten umkonstruiert, die Rumpfstruktur verstärkt werden. Die Arbeiten hierzu dauerten bis 1947 an, der Bestellumfang war inzwischen durch die Beendigung des Zweiten Weltkriegs und nachfolgende Reduzierungen bei den Streitkräften sowie Budgetkürzungen auf lediglich 99 Exemplare geschrumpft.

Die Serienmaschinen, ein erstes Exemplar flog im Dezember 1946, wurden dann in AM-1 umbenannt und ab März 1948 begann die Auslieferung an mehrere Einheiten der US Navy. Erster Kunde war die auf der NAS Quonset Point, Rhode Island, beheimatete Angriffsstaffel VA-17A, im August 1948 in VA-174 umbenannt. Begleitet von zahlreichen Erprobungen, einschließlich Tests auf Flugzeugträgern wie der *USS Kearsage* 1948 oder *USS Leyte* 1949, waren zwischenzeitlich nochmals 50 Maschinen bestellt worden, von denen die letzte im Oktober 1949 die Werkhallen verließ. Mitte 1949 hatte die letzte Fahrt von AM-1 der Staffeln VA-84 und VA-85 auf dem Flugzeugträger *USS Midway* stattgefunden, bei der das Flugzeug eigentlich für den Einsatz akzeptiert wurde. Ein relativ hoher Wartungsaufwand, eine anspruchsvolle Flugsteuerung und die Landeeigenschaften beeinträchtigten die Fähigkeiten des Flugzeuges und führten letztlich zu der Entscheidung, ihren Einsatz nur noch von Landbasen aus zu gestalten. Zudem machten sich einige Umkonstruktionen zum Beispiel im Cockpitbereich erforderlich, die dann auf der NAS Norfolk, Virginia, in die Praxis umgesetzt wurden.

Die AM-1 reichte als Angriffsflugzeug letztlich nicht an das Konkurrenzmuster A-1 Skyraider heran und so wurden bereits ab 1949/50 die meisten Maschinen an mehr als ein Dutzend Reserveeinheiten überstellt und dienten auf sechs Standorten bis 1953 vorwiegend Schulungszwecken. Davon betroffen waren auch 18 Exemplare, die als AM-1Q ausgeliefert, dann hauptsächlich im Verband VC-4 auf der NAS Atlantic City eingesetzt wurden und entsprechend ihrem Verwendungszweck zur elektronischen Kampfführung eine Antennenausrüstung erhielten. Der Elektronikoffizier als zweites Besatzungsmitglied war hierbei ohne Sichtfenster hinter dem Piloten untergebracht, für ihn musste der interne Rumpftank des Flugzeugs entfernt werden. Somit verteilte sich der interne Treibstoff auf die Flügeltanks, ergänzend konnten aber drei Zusatztanks an den Außenstationen mitgeführt werden.

Die AM-1 war zum Zeitpunkt ihres Erscheinens eines der größten und schwersten trägergestützten Typen. 15 Pylonen unter dem Rumpf sowie dem Tiefdeckertragflügel konnten Außenlasten aufnehmen. Hierbei betrug die Waffenlast 2041 kg, inoffiziell wurde aber im April 1946 ein Rekord mit 4872 kg aufgestellt. Dabei lag die Startmasse 3 t über der eigentlich maximalen von 10.600 kg. Unter dem Tragwerk ließ sich noch ein AN/APS-4-Radar montieren. Das Flugzeug verfügte über ein einziehbares Fahrwerk in Heckradanordnung, der Tragflügel und die Höhenflossen besaßen Trapezform. Ein Teil des Flügels ließ sich zur besseren Unterbringung an Bord von Trägerschiffen nach oben klappen. An den Flächenhinterkanten befanden sich eine Vielzahl markanter, feingliedriger Luftbremsen.

Im Jahr 1949 befindet sich diese AM-1Q an Bord der USS Kearsage, ein tatsächlich operationeller Einsatz des Flugzeugs von Trägerschiffen erfolgte aber nicht. (Foto National Museum of Naval Aviation Pensacola)

Die AM-1 Mauler beeindruckte mit einer hohen Zuladung, die hier aus drei Mk13-Torpedos sowie zwölf ungelenkten 127-mm-Raketen besteht. (Foto: National Museum of Naval Aviation Pensacola)

Eine als Mercury offerierte, trägergestützte Version zum Transport von Fracht, vier Passagieren oder von Verwundeten wurde nicht verwirklicht.

Einsatzstaffeln (Auswahl):
VA-17A, 44, 45, 84, 85
VC-4

Douglas A-1 Skyraider

Die Skyraider stammte vom Torpedobomber Douglas XBTD-1 ab, der aber letztlich nicht gebaut und in der Konzeption überarbeitet wurde. Dafür meldete die US Navy noch 1944 Interesse an und bestellte zunächst 15, später insgesamt 25 Maschinen unter der Bezeichnung XBT2D-1. Douglas-Testpilot LaVerne Brown startete am 18. März 1945 zum Erstflug. Bald schon zeigte das Muster hervorragende Leistungen und sollte zu einem der erfolgreichsten Kampfflugzeuge nach 1945 werden.
Trotz der eingeläuteten Jet-Ära verlieh ein leistungsstarker Wright-Doppelsternmotor mit anfangs 1840 kW Leistung dem robusten Flugzeug den Antrieb, der Rumpf fiel für einen Einsitzer recht groß aus. Hinter dem Cockpit befand sich der Haupttank mit rund 1400 l Kraftstoff, welcher durch Zusatzbehälter ergänzt werden konnte. Auf beiden Seiten des Rumpfes sowie an der Rumpfunterseite gab es jeweils eine große, ausklappbare Luftbremse. Die faltbaren Tiefdeckertragflügel besaßen 14 externe Aufhängepunkte plus einen weiteren unter dem Rumpf, sodass eine beachtliche Waffenlast mitgeführt werden konnte. Dazu zählten hauptsächlich Bomben, Torpedos und ungelenkte Raketen verschiedener Kaliber, hinzu kam eine aus anfangs zwei, später vier 20-mm-Kanonen bestehende Bordbewaffnung in den Flügelvorderkanten. Das einziehbare Fahrwerk hatte Heckradanordnung und jede der drei Baugruppen war einfach bereift. Das Flugzeug kam während der Starts von

Flugzeugtyp	**A-1J Skyraider**
Verwendung	Angriffsflugzeug
Besatzung	1
Triebwerk	ein Wright R-3350-26B mit 2088 kW
Spannweite	15,25 m
Länge	11,84 m
Höhe	4,78 m
Flügelfläche	37,16 m^2
Leermasse	4785 kg
Startmasse	max. 11.340 kg
Höchstgeschwindigkeit	528 km/h
Steiggeschwindigkeit	14,5 m/s
Dienstgipfelhöhe	8687 m
Reichweite	1448 km
Bewaffnung	vier 20-mm-Mk M3 mit je 200 Schuss sowie bis 3629 kg Bomben, Torpedos, Minen, ungelenkte Raketen, Waffenbehälter an 15 Aufhängepunkten

Die AD-1 war die erste Serienversion der Skyraider und Ausgangsbasis nachfolgender Baureihen. (Foto: National Museum of Naval Aviation Pensacola)

Auf der USS Intrepid (CV-11) wird im September 1966 die A-1H im Vordergrund startklar gemacht, dahinter ist der designierte Nachfolger A-4 Skyhawk zu sehen. (Foto: National Museum of Naval Aviation Pensacola)

Trägerschiffen ohne Dampfkatapult aus, für die Landung gab es einen Fanghaken unter dem Rumpfheck.

Im Mai 1945 ging bei Douglas eine Bestellung über 548 Serienflugzeuge ein, die mit Beendigung des Zweiten Weltkriegs auf zunächst 377, dann 277 Exemplare reduziert wurde. Anfang 1946 wurde das Flugzeug in AD-1 Skyraider umbenannt und mit strukturellen Verstärkungen ließen sich die harten Deckslandungen auf Flugzeugträgern besser meistern. Eine Serien-AD-1 flog im November 1946 erstmals und im darauf folgenden Monat begann die Indienststellung, zuerst bei der Staffel VA-19A auf der Naval Air Station Alameda. 1947 folgten die zur Atlantikflotte zählenden Staffeln VA-3B sowie VA-4B (später in VA-44 sowie VA-45 umbenannt) als erste operationelle Einsatzverbände, welche die Trägererprobung an Bord der *USS Sicily* komplettierten. Die letzten 35 Exemplare der Erstorder wurden als AD-1Q zur elektronischen Kampfführung gebaut und nahmen dazu hinter dem eigentlichen Cockpit ein zweites Besatzungsmitglied als Radaroperateur auf. Dieser erreichte das Flugzeug über eine zusätzliche Tür auf der linken Rumpfseite, arbeitete mit verschiedenen Antennen und Geräten sowie einem AN/APS-4-Radar, welches in einem Behälter unter der rechten Tragfläche mitgeführt wurde.

Im Jahr 1947 galt die Skyraider als einsatzklar, ab April 1948 wurde die verbesserte, beim Start bis zu 8300 kg schwere Version AD-2 ausgeliefert. Es gab einige Modifizierungen wie z.B. Strukturverstärkungen am Tragwerk, die Leistungssteigerung des R-3350-Motors auf 2221 kW, Erhöhung von Tankvolumen und Waffenlast sowie die Umgestaltung des Cockpits samt einer komfortableren Kopfstütze für den Piloten. Auch hier gab es wieder eine zweisitzige ECM-Ausführung als AD-2Q.

Von der folgenden Baureihe AD-3 baute Douglas mehrere Varianten, die der Skyraider zu einem Mehrzweckcharakter verhalfen. Einher gingen verschiedene Neuerungen inklusive einem modifizierten Fahrwerk, eine neue Cockpitinstrumentierung, ein verbesserter Propeller oder ein besseres Kühlsystem für das Triebwerk. Neben der Standardangriffsversion AD-3 wurde eine kleine Anzahl von Nachtangriffsflugzeugen als AD-3N 1949/50 hergestellt, ferner die ECM-Ausführung AD-3Q sowie die dreisitzige, unbewaffnete Frühwarnversion AD-3W ausgeliefert. Zudem entstanden die AD-3E und S zur U-Boot-Suche und -Bekämpfung. Beide Typen arbeiteten gemeinsam im »Hunter/Killer«-Team, wobei die Version E zur Suche und die Version S mit entsprechenden Waffen zur Bekämpfung von U-Booten diente.
Die AD-4 wurde dann zur Hauptserienvariante, mit leistungsstärkerem Motor, einem modifizierten Fanghaken, einem P-1-Autopiloten sowie verstärktem Cockpitglas. Und auch hier gab es wieder Ausführungen als dreisitziges Nachtangriffsflugzeug AD-4N und NL, letztere wie die Version AD-4L besser für den Einsatz in kalten Regionen geeignet, als ECM-Variante AD-4Q, als U-Boot-Jäger AD-4S, als Frühwarnflugzeug AD-4W mit großem AN/APS-20-Radar unter dem Rumpf sowie als nuklearwaffenfähige AD-4B.
Am 17. August 1951 flog die AD-5 (1962 in A-1E umbenannt) erstmalig, die einige wesentliche Veränderungen aufwies und die Entwicklungsgeschichte der Skyraider noch abwechslungsreicher gestaltete. So wurde der Rumpf dieser neuen Variante um 0,58 m verlängert, in dem neuen, breiteren Cockpit fanden zwei Besatzungsmitglieder nebeneinander Platz. Die Luftbremsen beiderseits des Rumpfes wurden nicht mehr montiert und das Seitenleitwerk flächenmäßig vergrößert. Zudem stieg das Startgewicht auf über 11.000 kg und das Einsatzspektrum wurde erweitert. So gab es neben den Angriffs-, U-Jagd-, ECM- und Frühwarn-AD-5 auch Versionen als Fotoaufklärer, VIP-Transporter mit vier Sitzen, Transporter für zwölf Soldaten, Sanitätsflugzeug mit vier Krankentragen oder als Zielschlepper. Manche Maschinen übernahmen auch Versorgungsaufgaben für Flugzeugträger (Carrier Onboard Delivery – COD) mit Frachten bis zu 900 kg.
Für diese Vielseitigkeit sorgten entsprechende Rüstsätze. Ab 1953 wurde auch ein Luftbetankungsstutzen montiert. Den Großteil aller gebauten AD-5 machten Spezialversionen aus, die Nachtangriffs- und ECM-Ausführungen waren nunmehr mit vier Personen besetzt und verfügten über weiterentwickelte Ausrüstung. Die nachfolgende AD-6-Serie entstand auf Basis der AD-4B und war wie diese zum Einsatz taktischer Atomwaffen fähig. Die AD-6 (A-1H ab 1962) war wieder einsitzig ausgelegt und in ihren Abmessungen verkleinert worden. Andererseits wurde die Panzerung im Cockpitbereich verstärkt und für Tiefflugangriffe eine Zieloptik eingebaut. Als letztes Serienmodell wurde die AD-7 (A-1J ab 1962) hergestellt, die in manchen Zellenbereichen, vor allem des Tragwerks, für Einsätze in geringen Flughöhen verstärkt worden war. Das letzte Exemplar dieser Baureihe verließ die Fertigungsstraße im Februar 1957, mit ihr endete der Serienbau der Skyraider nach insgesamt 3180 Exemplaren aller Varianten.
Neben den sieben Hauptserienversionen gab es somit zahlreiche Subvarianten und machten das Flugzeug zu einer äußerst erfolgreichen und brauchbaren Konstruktion. Noch im Jahre 1965 wurde eine Neuaufnahme der Produktion erwogen, aber letztlich nicht realisiert. Für den Zweiten Weltkrieg kam die Skyraider zu spät, die Feuertaufe erlebte das Flugzeug im Koreakrieg. Gut 24 Einsatzfahrten an Bord von Trägerschiffen absolvierten verschiedene Baureihen der Skyraider zum Kriegsschauplatz. AD-4-Maschinen der Navy-Staffel VA-55, deren Basis das Trägerschiff *USS Valley Forge* war, unternahmen am 3. Juli 1950 ihre ersten Angriffe, als sie in der Nähe der nordkoreanischen Hauptstadt Pjöngjang Flugplatzeinrich-

Mit einem mächtigen Radargehäuse unter dem Rumpf stellt die in über 200 Exemplaren gefertigte AD-5W (EA-1E ab 1962) eine Variante als Frühwarnflugzeug dar. (Foto: National Museum of Naval Aviation Pensacola)

Hauptserienversion der Skyraider war die AD-4, die abgebildete Maschine diente zum Zeitpunkt der Aufnahme Trainingszwecken in der Staffel VA-122. (Foto: National Museum of Naval Aviation Pensacola)

tungen attackierten. Das US Marine Corps, das ebenfalls seit Jahren die Skyraider flog, hatte ab Oktober 1951 AD-3 in Korea und setzte Maschinen insgesamt dreier Staffeln von Landbasen aus ein. Während des Koreakriegs flogen die Skyraider von US-Marine sowie Marine Corps bei Tag und Nacht über 57.000 Einsätze gegen infrastrukturelle Ziele, Brücken, Schiffe, Fahrzeuge und gegnerische Truppen und nicht zuletzt auch gegen Staudämme. So etwa am 1. Mai 1951, als acht Skyraider der Staffeln VA-195 sowie VC-35 mit ihren abgeworfenen Torpedos den Hwachon-Staudamm schwer beschädigten.

Die Skyraider-Piloten schätzten das Flugzeug. Es besaß eine gute Flugstabilität, lange Einsatzflugdauer, geringe Landegeschwindigkeit und war vor allen Dingen äußerst robust. Viele Maschinen konnten trotz schwerer Beschädigungen zu ihren Stützpunkten zurückkehren. Dennoch gingen 124 Exemplare im Kampf verloren. Im Jahre 1955 waren noch immer 29 Navy- sowie 13 Marine Corps-Staffeln mit der A-1 ausgerüstet, danach begann die Ablösung durch die A-4 Skyhawk sowie später auch durch A-6 Intruder und 1959 musterte das Marine Corps das Flugzeug komplett aus.

Nach einer Entscheidung des US-Verteidigungsministeriums erfolgte 1962 die Einführung standardisierter Bezeichnungssysteme für alle Streitkräfte. Neben den bereits erwähnten gab noch es folgende: AD-4N=A-1D, AD-5N=A-1G, AD-5W=EA-1E, AD-5Q=EA-1F.

Mit der Forcierung der Kampfhandlungen in Südostasien gewann die Skyraider wieder an Bedeutung. Nach dem so genannten Tonkin-Zwischenfall waren es A-1H der Navy-Staffeln VA-52 und VA-145 der Trägerschiffe *USS Ticonderoga* und *USS Constellation*, die am 5. August 1964 zusammen mit A-4 Skyhawk die ersten Angriffe auf nordvietnamesische Ziele flogen. Auch danach spielten die A-1 der 7. Flotte eine große Rolle im Vietnamkrieg, leisteten Luftnahunterstützung in Südvietnam, flogen Begleitschutz-, Rettungs- und ECM-Einsätze sowie zahlreiche Angriffe auf Ziele im Norden. Rund 20 Einsatzfahrten an Bord von Trägerschiffen brachten Navy-Skyraider der Versionen A-1H und J sowie EA-1 zum Kriegsschauplatz. Am 10. Juni 1965 gelang es dem Piloten einer A-1H erstmals, mit Bordkanonen eine nordvietnamesische MiG-17 abzuschießen. Der zweite Abschuss eines solchen Jägers durch eine Marine-Skyraider fand im Oktober des darauf folgenden Jahres nahe Hanoi statt. Doch wurden auch mindestens drei A-1 in der Luft von gegnerischen Flugzeugen abgeschossen, insgesamt gingen 48 Skyraider der US Navy durch

Mit hochgeklappten Tragflächen befindet sich diese zur Staffel VA-152 gehörende Skyraider auf einem Lift des Trägerschiffes USS Coral Sea (CV-43). (Foto: National Museum of Naval Aviation Pensacola)

Feindeinwirkung sowie 18 weitere durch Unfälle verloren. Die letzten Kampfeinsätze von A-1 absolvierten Marineflieger der Staffel VA-25 von der *USS Coral Sea* im Februar 1968, mit Spezialmissionen betraute EA-1F-Maschinen von VAQ-33 wurden noch bis Dezember eingesetzt. Zum Teil wurden die verbliebenen Exemplare eingelagert, andere der US Air Force sowie der Luftwaffe Südvietnams überstellt, wo sie zahlreiche weitere Einsätze flogen.

Einsatzstaffeln (Auswahl):
VA-1L, 5B, 15, 16, 19A, 25, 35, 42, 44, 45, 52, 55, 65, 75, 85, 94, 95, 104, 105, 114, 115, 122, 135, 145, 152, 154, 155, 165, 174, 175, 176, 194, 195, 196, 215, 216
VMA-121, 211, 212, 225, 251, 324, 331, 332, 333
VMAT-20
VMCJ-1, 2, 3
VMF-143, 216, 222, 231, 251, 321, 343, 541

McDonnell FH-1 Phantom

Flugzeugtyp	FH-1 Phantom
Verwendung	Jagdflugzeug
Besatzung	1
Triebwerk	zwei Westinghouse J30-WE-20 mit je 7,12 kN
Spannweite	12,42 m
Länge	11,35 m
Höhe	4,32 m
Flügelfläche	24,64 m²
Leermasse	3031 kg
Startmasse	max. 5459 kg
Höchstgeschwindigkeit	771 km/h
Steiggeschwindigkeit	21,48 m/s
Dienstgipfelhöhe	12.525 m
Reichweite	1120 km
Bewaffnung	vier 12,7-mm-MG M2 mit je 325 Schuss, bis acht ungelenkte Raketen möglich

Wie in Europa, so war auch in den Vereinigten Staaten ab den 1940er-Jahren der Vormarsch des Strahlantriebs nicht mehr aufzuhalten. Während bei der US-Luftwaffe nach der erfolglosen Bell P-59 Airacomet die Lockheed P-80 Shooting Star der erste einsatzfähige Strahljäger wurde, orderte die US-Marine gleiche mehrere Typen. Aufgrund ihrer Schwächen stellten diese aber letztlich nur Interimsjäger dar, die in geringen Stückzahlen gefertigt wurden. Bereits Ende 1944 hatte die US-Marine ihre ersten Jagdflugzeuge mit Strahlantrieb geordert: die McDonnell XFD-1 Phantom, die North American XFJ-1 Fury sowie die Vought XF6U-1 Pirate. Diese Typen sollten spätestens im Frühjahr 1946 ihre Einsatzbereitschaft erlangen, und – sollte der Zweite Weltkrieg noch nicht beendet sein – wirksam im pazifischen Kriegsgebiet operieren. Glücklicherweise endete der Krieg früher. So steckte die Navy ihre Beschaffungspläne neu ab und reduzierte viele Bestellungen. Dies ging einher mit wenig überzeugenden Flugleistungen der frühen Strahljäger.

Der ursprüngliche Phantom-Entwurf von McDonnell sah zum Antrieb insgesamt sechs, später vier leichte Strahltriebwerke im Tragwerk vor, doch mit größerem Durchmesser und Schub konnte die Anzahl auf zwei Westinghouse-Aggregate vom Typ J30-WE-20 verringert werden. Um Zeit zu sparen war von Anfang an eine komplette trägertaugliche sowie einsatztypische Ausrüstung für die Versuchsmaschinen vorgesehen, das Cockpit allerdings war noch nicht druckbelüftet und verfügte über keinen Schleudersitz. Der erste Prototyp XFD-1 bekam durch Lieferprobleme zunächst nur ein Strahltriebwerk installiert und unternahm damit Anfang Januar 1945 angeblich einen ersten »Hüpfer«, gefolgt vom eigentlichen Erstflug am 26. Januar mit beiden Triebwerken. Ein zweiter Prototyp flog erstmals im Juni 1945, wurde aber bei einer Bauchlandung im August beschädigt. Mit dem ersten kam es wesentlich schlimmer, er wurde bei einem Crash am 1. November zerstört und der Testpilot dabei getötet. Der wieder flugtüchtig gemachte

Die FH-1 Phantom war recht konventionell ausgelegt, der schwache Antrieb machte den Jet eher zu einer Übergangslösung. (Foto: National Museum of Naval Aviation Pensacola)

Im Juli 1946 schrieb die FH-1 Phantom Geschichte, in dem sie als erster US-Jet auf einem Flugzeugträger, der USS Franklin D. Roosevelt (CV-42) landete und auch wieder startete – letzteres ohne Katapult ! (Foto: National Museum of Naval Aviation Pensacola)

zweite Prototyp führte mit Jim Davidson am Steuer am 21. Juli 1946 auf der *Franklin D. Roosevelt* als erstes amerikanisches Flugzeug mit reinem Strahlantrieb den ersten Trägerstart sowie die erste Trägerlandung durch.

Ein Serienauftrag über 100 noch als FD-1 bezeichnete Maschinen wurde auf 60 reduziert, ein erstes Serienexemplar unternahm im November 1946 seinen Erstflug. Die Auslieferung an die US Navy erfolgte ab 1947. Die VF-17A (später in VF-171 umbenannt) war die erste Navy-Einheit, welche die Phantom einsetzte und zugleich weltweit die erste bordgestützte Einsatzstaffel mit strahlgetriebenen Kampfflugzeugen darstellte. Mit 16 Phantom erfolgte im Mai 1948 die Einsatzerprobung an Bord des Trägerschiffes *USS Saipan*, die simulierte Kampfeinsätze und 176 Starts von diesem Flugzeugträger einschloss. Es folgten allerdings keine operationellen Einsatzfahrten an Bord eines Flugzeugträgers. Heimatbasis der Phantom, deren Typenbezeichnung noch 1947 von FD-1 in FH-1 geändert wurde, war die NAS Quonset Point, Rhode Island. Lediglich um Piloten auf dem Jet zu qualifizieren, gab es kurze Trainingsfahrten auf den Trägern *Philippine Sea*, *Midway* und *Franklin D. Roosevelt*. Kurzzeitig war die Staffel VF-172 ein weiterer Nutzer, erlangte aber keinen operationellen Status. Das US Marine Corps setzte ab Ende 1947 die Phantom bei der VMF-122 ein, welche somit die erste Einheit der Marines mit Kampfjets wurde. Aus vorderster Linie wurde das Flugzeug dann schon Mitte 1950 wieder ausgegliedert und für weitere drei Jahre bei Reserveverbänden genutzt.

Die FH-1 hatte relativ schwache Triebwerke, deren Wartungszyklus zudem sehr kurz war. Sie waren in den Flügelwurzeln untergebracht, welche wie das Höhenleitwerk eine positive V-Stellung besaßen. Optional konnten Starthilfsraketen verwendet werden, für den Trägerbetrieb gab es unter dem Rumpfheck einen Fanghaken. Neben den Bord-MG konnten bei Bedarf unter den Tragflächen acht ungelenkte Luft-Boden-Raketen als Bewaffnung mitgeführt werden und optional war das Anbringen eines 1116-Liter-Zusatztanks unter dem Rumpf möglich.

Einsatzstaffeln:
VF-171, 172,
VMF-122

North American FJ-1 Fury

Die FJ-1 Fury war das erste strahlgetriebene Flugzeug von North American, wo im April 1945 zunächst die Begutachtung einer 1:1-Attrappe durch das Bureau of Aeronautics erfolgte. Der Jungfernflug des ersten von drei bestellten Prototypen fand am 11. September 1946 statt. Ab Oktober des gleichen Jahres nahm der zweite und ab Februar 1947 der dritte Prototyp an der Flugerprobung teil. Die ursprüngliche Order über 100 Exemplare war auf 30 reduziert worden, die Lieferungen begannen im Oktober 1947 und dauerten bis zum nächsten Frühjahr an.

Am 10. März 1948 absolvierte die Fury ihre erste Trägerlandung auf der *USS Boxer*. Die Serienmaschinen dienten weiteren Testreihen und letztlich für einige Monate in einer Navy-Staffel, der VF-5A (im August 1948 in VF-51 umbenannt) auf der bei San Diego gelegenen NAS North Island, Kalifornien. Dann erfolgte bereits die Eingliederung in die Reserve, wo die Fury bis Anfang 1953 an vier Standorten zur Verfügung stand.

Ganz klar als Übergangsmuster gedacht, wurde die Fury zur Vermittlung der Eigenschaften eines Jets im Marinefliegerall-

Flugzeugtyp	**FJ-1 Fury**
Verwendung	Jagdflugzeug
Besatzung	1
Triebwerk	ein Allison J35-A-2 mit 17,8 kN
Spannweite	11,6 m
Länge	10,49 m
Höhe	4,52 m
Flügelfläche	20,53 m²
Leermasse	4011 kg
Startmasse	max. 7076 kg
Höchstgeschwindigkeit	880 km/h
Steiggeschwindigkeit	16,8 m/s
Dienstgipfelhöhe	9754 m
Reichweite	1560 km
Bewaffnung	sechs 12,7-mm-MK M2 mit je 250 Schuss

Mehrere FJ-1 von Einheit VF-5A absolvieren Anfang 1949 auf der USS Princeton (CV-23) Trägerqualifikationen. (Foto: National Museum of Naval Aviation Pensacola)

Als einer der ersten Navy-Jets war die FJ-1 eine weitere Übergangslösung und nach nur wenigen Wochen regulärem Einsatz erfolgte bereits die Überstellung zur Reserve. Die abgebildete Maschine gehörte zur Reserve im kalifornischen Oakland. (Foto: National Museum of Naval Aviation Pensacola)

tag genutzt. So mussten die Piloten beispielsweise lernen, mit durstigen Strahltriebwerken umzugehen, denn mindestens zwei Maschinen stürzten wegen Treibstoffmangel ab. Bei Trainingseinsätzen auf verschiedenen Trägerschiffen gab es mehrmals harte Landungen mit Beschädigungen, im Einsatz weitere Havarien, sodass zum Schluss mehr als die Hälfte aller gebauten FJ-1 als Verluste abgeschrieben werden mussten. Großen Zuspruch erhielt die gute Sicht aus dem Cockpit und im Jahr 1947 galt die Fury mit einer Höchstgeschwindigkeit von Mach 0,87 immerhin als eines der schnellsten Jagdflugzeuge. Ein klarer Nachteil des Triebwerks stellte aber auch hier der kurze Wartungsintervall nach höchstens 35 Stunden dar. Dies stellte einen Bruchteil der noch weit verbreiteten Kolbenmotoren dar.

Der relativ plumpe Rumpf war um das Triebwerk herumkonstruiert worden, beherbergte Kraftstofftanks und am Bug die sechs fest installierten MG, Kaliber 12,7 mm. Der gerade Tiefdeckertragflügel besaß eine vorgezogene Kante im Ansatz und hochklappbare Enden zur platzsparenden Bordunterbringung. Außenlasten waren nicht vorgesehen, doch war die Anbringung von zwei 630-Liter-Zusatztanks an den Flügelspitzen möglich, welche die Reichweite auf bis zu 2400 km erhöhen konnten. Der Name Fury spielte nur etwas später bei den amerikanischen Marinefliegern nochmals eine Rolle, diesmal als erfolgreiche und für den Flugzeugträgerbetrieb gedachte Ableitung der North American F-86 Sabre.

Einsatzstaffeln:
VF-5

Grumman AF Guardian

Ursprünglich als Torpedobomber gedacht und in die Klasse der A-1 Skyraider und AM-1 Mauler einzuordnen, ging die Guardian schließlich als U-Boot-Jäger bei Grumman in den Serienbau. Zwei unterschiedliche Varianten agierten hierbei zusammen im so genannten »Hunter/Killer«-Team, die eine zum Suchen, die andere zum Bekämpfen ausgemachter U-Boote. Das nicht mehr ganz zeitgemäße Einsatzkonzept ließ keine lange Dienstzeit zu, nach wenigen Jahren erfolgte die Überstellung der Flugzeuge in Reservestaffeln.

Vorausschauend waren schon 1943 Pläne zur Ablösung des Torpedobombers Avenger gereift, der erst ein Jahr zuvor in Großserienproduktion gegangen war und inzwischen beeindruckende Ergebnisse im Pazifik erzielte. Mehrere Entwürfe blieben letztlich Reißbrettstudien, bis die US Navy im Februar 1945 drei Prototypen des Modells G-70 bestellte. Neben dem eigentlichen Kolbenmotor sollte ein zusätzliches, im Rumpfheck untergebrachtes Strahltriebwerk von Westinghouse für hohe Ausweichgeschwindigkeiten sorgen und das Flugzeug agiler machen. Der Erstflug eines XTB3F-1 genannten Prototyps erfolgte am 19. Dezember 1946, doch wurde das Strahltriebwerk im Flug nicht benutzt und das Programm wurde schon fünf Tage später seitens des Bureau of Aeronautics gestoppt. 1947 wurde das Grumman-Projekt wieder aufgegriffen, um es als U-Boot-Jäger fortzuentwickeln. Attrappen für eine Such- und für eine Angriffsversion wurden im selben Jahr bewertet, im Mai 1948 ging noch vor der Fertigstellung der Prototypen eine Erstorder über 30 Maschinen bei Grumman ein.

Die eigentlich dritte Versuchsmaschine XTB3F-1S begann am

Flugzeugtyp	**AF-2S Guardian**
Verwendung	U-Boot-Jagdflugzeug
Besatzung	3
Triebwerk	ein Pratt & Whitney R-2800-48W »Double Wasp« mit 1780 kW
Spannweite	18,49 m
Länge	13,21 m
Höhe	4,93 m
Flügelfläche	52,02 m²
Leermasse	6631 kg
Startmasse	max. 11.567 kg
Höchstgeschwindigkeit	510 km/h
Steiggeschwindigkeit	9,4 m/s
Dienstgipfelhöhe	9905 m
Reichweite	2414 km
Bewaffnung	bis 1678 kg Bomben, Torpedos, ungelenkte Raketen im Rumpfschacht sowie zwei bis sechs Aufhängepunkten

1. Oktober 1948 mit der Flugerprobung. Dabei wurde auf das Strahltriebwerk verzichtet und dafür zusätzliche Avionik untergebracht. Am 12. Januar 1949 flog der ursprünglich zweite, als

Im August 1952 startet diese AF-2S vom Geleitflugzeugträger USS Badoeng Strait (CVE-116) zu einem Einsatz vor der Küste Koreas. (Foto: National Museum of Naval Aviation Pensacola)

Viersitzer konzipierte Prototyp XTB3F-2S erstmals und während der Erprobung vergab die US Navy weitere Serienaufträge für die zwei Bauvarianten.
Die eine erhielt die Dienstbezeichnung AF-2W, war für vier Besatzungsmitglieder ausgelegt, unbewaffnet und nutzte das in einem großen Unterrumpfbehälter installierte AN/APS-20-Radar zur Suche und Ortung von U-Booten. Die zweite Variante wurde AF-2S genannt, übernahm mit einer dreiköpfigen Crew die Bekämpfung der U-Boote mit Mk24-Minen, Mk34 oder 41-Torpedos, Mk54-Wasserbomben oder ungelenkten 127-mm-Raketen. Sie verfügte außerdem über Sonarbojen, einen Suchscheinwerfer sowie ein AN/APS-31-Nahbereichsortungsradar. Somit erfolgte der Einsatz grundsätzlich paarweise im so genannten »Hunter/Killer«-Team. Bei nächtlichen Einsätzen war der Suchscheinwerfer der AF-2S hilfreich und bei einer Entdeckung wurde das Ziel nachfolgend mit bis zu 16 Sonarbojen genauer bestimmt.
Die erste Serien-AF-2S war im November 1949 geflogen, im Mai/Juni des darauf folgenden Jahres gelangten die ersten Maschinen beider Varianten zum Naval Air Test Center nach Patuxent River sowie zur Erprobungsstaffel VX-1 auf die NAS Key West, Florida. Hier wurde das Personal mit dem künftigen Einsatzmuster vertraut gemacht und verschiedene Einsatztaktiken erarbeitet. Am 26. November erfolgte eine erste Trägerlandung auf der *USS Wright*.
Ende September 1950 übergab man der auf der NAS Norfolk, Virginia, stationierten Einsatzstaffel VS-24 – und damit der Atlantik-Flotte – die ersten AF-2. Im Dezember begannen die ersten Trägerqualifikationen auf dem Flugzeugträger *USS Palau*. Die auf der NAS San Diego, Kalifornien, beheimatete Staffel VS-25 – und damit die erste der Pazifik-Flotte – übernahm die Guardian im Oktober 1950 und erreichte im Folgejahr als erste Einheit die volle Staffelstärke mit dem neuen Muster.
Der Decksbetrieb mit der Guardian gestaltete sich nicht immer einfach und führte zu einer hohen Unfallrate. Zum einen waren es verschiedene, problembehaftete Baugruppen wie Fanghaken oder Heckrad, die sich meistens durch geringfügige Modifikationen abändern ließen und zum anderen war es ein-

Vorn eine AF-2W, hinten eine AF-2S der U-Boot-Jagdstaffel VS-25. Beide gehen als sogenanntes »Hunter/Killer«-Team auf Pirsch. (Foto: National Museum of Naval Aviation Pensacola)

Diese AF-2W befindet sich auf dem leichten Flugzeugträger USS Bataan (CVL-29). Das Bild verdeutlicht gut ihre Abmessungen. (Foto: National Museum of Naval Aviation Pensacola)

fach die Größe des Flugzeugs. Gerade auf den 21.000 Tonnen verdrängenden Geleitflugzeugträgern der Commencement Bay-Klasse, zu denen beispielsweise Schiffe wie die auch in Korea eingesetzten *USS Block Island*, *Palau* oder *Sicily* gehörten, erforderte die Gesamtbreite des Decks von nur 24 m eine übersichtliche und aufmerksame Einsatzkoordination. Immerhin betrug die Spannweite einer Guardian bei Start und Landung allein schon 18,59 m. Zum Abstellen an Bord konnten die Flügel allerdings auf 7,44 m zusammengefaltet werden.

Noch 1950 gelangten AF-2 der Staffel VS-25 mit der *USS Bairoko* nach Korea und patrouillierten ab dem folgenden Jahr über dem Japanischen Meer. Neben VS-25 flogen 1952 auch VS-21 sowie die reaktivierte Reservestaffel VS-931 Einsätze von verschiedenen Trägerschiffen aus und lösten zum Teil die bisher verwendeten Avenger ab. Mit dem Koreakrieg wurden weitere Reservestaffeln zur U-Boot-Jagd reaktiviert und mindestens vier davon mit der AF ausgerüstet. Inzwischen wurden ab Ende 1952 auch die verbesserten AF-3W sowie AF-3S ausgeliefert, letztere mit einem einziehbaren, auf der rechten Rumpfseite befindlichen Magnetanomaliedetektor (MAD) AN/ASQ-8 zum Aufspüren getauchter U-Boote. Mit diesen beiden Varianten endete im Jahr 1953 die Herstellung der Guardian nach 389 Exemplaren, einschließlich Prototypen.

Insgesamt elf Navy-Staffeln waren mit der Guardian ausgerüstet, schon ab 1953 erfolgte die Ausmusterung bei den Einheiten der vordersten Linie und der schrittweise Ersatz durch die modernere S2F Tracker. Als letzte operationelle Einheit übergab VS-37 ihre Flugzeuge im August 1955 der Reserve. Hier wurden sie noch bis Juni 1957 an gut einem Dutzend Standorten vorwiegend als Trainingsmaschinen geflogen.

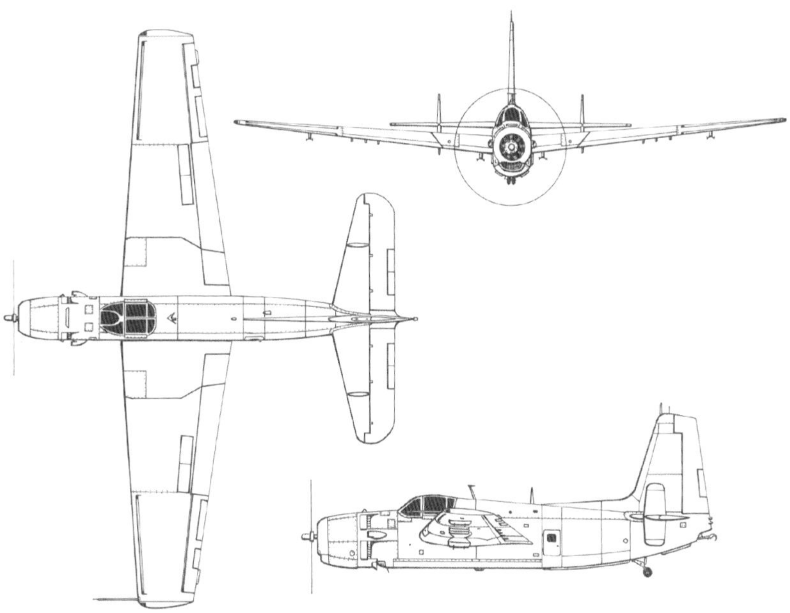

Dreiseitenriss AF-2S Guardian (Zeichnung: Manfred Meyer)

Einsatzstaffeln (Auswahl):
VS-20, 21, 22, 24, 25, 27, 30, 31, 36, 37, 39

McDonnell F2H Banshee

Flugzeugtyp	F2H-3 Banshee
Verwendung	Jagd-/Jagdbombenflugzeug
Besatzung	1
Triebwerk	zwei Westinghouse J34-WE-34 mit je 14,46 kN
Spannweite	13,66 m
Länge	14,68 m
Höhe	4,42 m
Flügelfläche	27,31 m²
Leermasse	5980 kg
Startmasse	max. 11.437 kg
Höchstgeschwindigkeit	933 km/h
Steiggeschwindigkeit	30,5 m/s
Dienstgipfelhöhe	14.205 m
Reichweite	1883 km
Bewaffnung	zwei 20-mm-MK Colt Mk12 mit je 220 Schuss, zwei 20-mm-MK Colt Mk12 mit je 250 Schuss sowie bis 908 kg Bomben, ungelenkte Raketen an zwei bis acht Aufhängepunkten

Die Banshee war im Grunde genommen eine vergrößerte und verbesserte Phantom, für das erst 1939 gegründete Unternehmen McDonnell war es der erste große Wurf. So sicherte die Akzeptanz des Flugzeugs bei der US-Marine dem Hersteller auch künftig Aufträge bei der Beschaffung neuer trägergestützter Jagdflugzeuge. Ursprünglich hatten US Navy und Marine Corps die McDonnell Aircraft Corporation beauftragt, aus der FH-1 Phantom einen neuen, verbesserten Strahljäger zu entwickeln. Die Entwicklung war bereits vor Beginn der Phantom-Serienfertigung beschlossen worden, als absehbar war, dass deren Leistungen hinter den Erwartungen zurückblieben und auch unter denen der landgestützten Kampfjets der US Air Force lagen. Das neue Muster lehnte sich grundsätzlich an den Vorgänger an, allerdings nahm der größere Rumpf mehr als die doppelte Kraftstoffmenge auf und die Bordbewaffnung wurde durch die Verwendung von vier 20-mm-Kanonen effektiver. Die beiden wesentlich stärkeren Triebwerke befanden sich wiederum in den Wurzeln des Tiefdeckertragwerks, die Flügel selbst waren zur besseren Bordunterbringung nach oben klappbar und verjüngten sich zu den Enden hin. Dabei war die Vorderkante gerade und begann im Ansatz mit den Lufteinläufen, die Hinterkante verlief bogenförmig. Die angewinkelten Höhenflossen waren am Rumpfheck angebracht, unter dem sich auch ein Fanghaken befand. Das Bugradfahrwerk bestand aus drei einziehbaren Baugruppen mit jeweils einem Rad.

Durch die Beendigung des Zweiten Weltkriegs verzögerte sich die Entwicklung der Banshee, im März 1945 wurden mehrere Versuchsmuster in Auftrag gegeben und die erste von drei mit XF2D-1 bezeichneten Maschinen wurde am 11. Januar 1947 eingeflogen. Kurz danach folgte die Umbenennung in XF2H-1 und Ende Mai ein erster Serienauftrag über 56 F2H-1. Diese wurden ab August 1948 ausgeliefert, zuerst zur Einsatzerpro-

Unschwer erkennbar war die Banshee eine Weiterentwicklung der FH-1 Phantom. Im Bild der zweite Prototyp XF2D-1 während der Flugerprobung. (Foto: National Museum of Naval Aviation Pensacola)

Die Baureihen F2H-3 und H-4 (hier im Bild) besaßen einen über 2 m längeren Rumpf als die Vorgänger und waren leistungsstärker. Diese Maschine gehörte seinerzeit zur Staffel VF-11. (Foto: National Museum of Naval Aviation Pensacola)

bung an die Teststaffel VX-3 auf der NAS Atlantic City, aber auch von dieser Einheit beim Naval Air Test Center (NATC) in Patuxent River geflogen. Mit Modifikationen am Seitenleitwerk hatte man anfängliche Steuerprobleme beseitigt. Wie die Prototypen besaßen die frühen Serienmaschinen die Möglichkeit, den Vorderrumpf des Flugzeugs bis fast auf den Boden abzusenken und auf zwei kleine, im Bug untergebrachte Räder zu stellen. Das eigentliche Bugrad war hierbei nicht ausgefahren und das Ganze sollte vor allem dazu dienen, die Flugzeuge auf Trägerschiffen noch enger abzustellen oder bei Triebwerksläufen nicht die mit Holz beplankten Decks zu beschädigen. Letztlich erwies sich diese Innovation jedoch als unpraktisch und wurde bei künftigen Serienversionen weggelassen. Als Triebwerke hatte die Banshee anfangs zwei Westinghouse J34-WE-22 erhalten, später wurden diese durch die leistungsstärkeren J34-WE-30 ersetzt.

Mit der VF-171 gab es ab März 1949 die erste operationelle Einsatzstaffel, die auf der NAS Cecil Field in Florida ihren Heimatstandort hatte. Im Mai 1949 wurden die Trägererprobungen an Bord der *USS Franklin D. Roosevelt* abgeschlossen. Ab dem Folgejahr unternahmen Banshees von VF-171 Einsatzfahrten an Bord der Flugzeugträger *USS Coral Sea*, *Midway* und *Franklin D. Roosevelt*, die unter anderem ins Mittelmeer und in die Karibik führten.

Die Einsatzzeit der ersten Banshee-Version war relativ kurz, aber für die Navy-Piloten ein klarer Schritt nach vorn. Einen gewissen Bekanntheitsgrad erlangte eine F2H-1 am 9. August 1949, als diese außer Kontrolle geriet und J.L. Fruin als erster US-amerikanischer Pilot einen Schleudersitz in einer Notsituation betätigte. Mit der Einführung des Nachfolgers F2H-2 erfolgte die Überstellung der ersten Serienmaschinen an Reserveverbände. Die neue Variante war im Mai 1948 bestellt und im August 1949 erstmals geflogen worden. Sie zeichnete sich durch etwas stärkere, je 14,5 kN Schub leistende J34-WE-34-Triebwerke, Flügelspitzentanks und insgesamt mehr internem Kraftstoff sowie Außenaufhängungen für zwei 227-kg-Bomben oder sechs 127-mm-Raketen aus. Die F2H-2 wurde bis September 1952 geliefert und von sechs Navy- sowie vier Marines-Staffeln genutzt. Erstempfänger wurden wiederum VF-171 und VF-172, die damit ihre Maschinen des Vorgängermodells ersetzten. Ferner entstanden einige Unterbaureihen der neuen Version. Das war zum einen der in fünf Staffeln geflogene Jagdbomber F2H-2B, der in der Lage war, auch taktische Atombomben der Typen Mk7 oder Mk8 einzusetzen und diese dann unter dem verstärkten Tragwerk mitführte. Mit dieser Option stieg die Startmasse um mehr als 1000 kg auf bis zu 10.524 kg an. Zum anderen gab es den Nachtjäger F2H-2N, der im Februar 1950 zum ersten Mal flog und im 0,86 m längeren Rumpfbug ein AN/APS-19-Radar aufnahm. Das erwies sich beim Abfangen anderer Jets von annähernd gleicher Größe jedoch als wenig effektiv, die Stückzahl dieser Variante beschränkte sich deshalb auf 14. Diese gingen fast alle an den Verband VC-4 auf der NAS Atlantic City, später wurden einige Exemplare an die Staffel VF-82 abgegeben. Ebenfalls mit einer verlängerten

Etwas unkonventionell mutet die Befüllung des rechten, 200 Gallonen (757 l) fassenden Flügeltanks einer F2H-2 auf der USS Essex im August 1951 an. (Foto: National Museum of Naval Aviation Pensacola)

Bugnase, welche bis zu sechs Kameras beherbergte, war der Fotoaufklärer F2H-2P ausgestattet und zugleich das erste Marineflugzeug mit Jetantrieb für diesen Aufgabenbereich. Zwei Behälter mit je 20 Blitzlichtpatronen konnten für nächtliche Aufklärungsflüge extern aufgenommen werden, die Bordkanonen kamen bei dieser Version nicht zum Einbau.
Auf der *USS Valley Forge* kamen 1951 mit der Einheit VC-61 die ersten F2H-2P nach Korea und wurden später in großem Umfang eingesetzt. Ein tragischer Zwischenfall ereignete sich am 16. September des gleichen Jahres, als während des Kriegseinsatzes eine der F2H-2 das Fangseil auf der *USS Essex* verfehlte und in auf dem Deck geparkte Flugzeuge raste. Die Folge waren vier zerstörte Flugzeuge mit sieben Toten und 27 Verletzten sowie die Einschränkung von Geleitschutzflügen bis Anfang Oktober.
Die F2H-2 machte sich gut als Begleitschutzjäger, um unter anderem B-29 der US Air Force bei ihren Angriffen auf infrastrukturelle Ziele zu eskortieren und sie unternahmen selbst Jagdbomberattacken auf nordkoreanische Brücken und Eisenbahnstrecken. Die F2H-2 waren ab August 1951 zunächst mit VF-172 im Einsatz, im November erfolgte ihr Abzug von Korea und später dann wieder ab September 1952 ein erneuter Einsatz. Die VMJ-1 war von März 1952 bis Juli 1953 die einzige Staffel des US Marine Corps, die Einsätze mit der Banshee über Korea von der Landbasis Pohang aus flog. In diesem Konflikt standen die intern »Banjo« genannten Flugzeuge im Schatten der F9F Panther und hatten wesentlich weniger Feindberührungen, sodass die Verluste durch den Gegner lediglich acht F2H ausmachten.
Eine umgebaute F2H-2N diente als Prototyp für die neue Jäger-/Jagdbomberausführung F2H-3 und begann im März 1952 mit der Flugerprobung. Erster Nutzer von nachfolgenden Serienmaschinen war im August 1952 die Staffel VC-4, im selben Monat konnten die Trägertests auf der *USS Midway* abgeschlossen werden. Die Serienlieferungen endeten im Herbst 1953, als an Bord von Trägerschiffen die ersten Einsatzfahrten dieser Variante in den Atlantik und den Pazifik führten. Die F2H-3 war strukturell verstärkt worden und wies einige Veränderungen, einschließlich einen um rund 2,40 m verlängerten Rumpf auf. In diesem fand insgesamt rund 50% mehr Kraftstoff sowie in der Bugnase ein AN/APG-41-Radar Platz, das für eine begrenzte Allwetterfähigkeit sorgte. Manche Exemplare erhielten später auch eine Luftbetankungssonde und im Einsatz gab es Änderungen am Leitwerk, um Flatterprobleme besser in Griff zu bekommen. Des Weiteren gab es bei dieser Version von Anfang an die Option, eine Atombombe als Bewaffnung mitzuführen, die M3-Bordkanonen wurden durch Colt Mk12 ersetzt. Die H-3-Banshees wurden bis Ende der 1950er-Jahre im operationellen Dienst eingesetzt und verblieben bis 1961 in Reserve, als die Staffel VF-896 in Oakland, Kalifornien ihre letzten Maschinen aussonderte.
Als letzte Serienversion entstand die F2H-4 mit leistungsstärkeren Triebwerken J34-WE-38 mit je 16 kN Schub sowie einem AN/APG-37-Radar und E-1-Feuerleitsystem von Hughes.

In der modifizierten Bugnase nahm die Aufklärerversion F2H-2P sechs Luftbildkameras auf. Sie flog im Oktober 1950 erstmals und gelangte in 88 Exemplaren zur Auslieferung. (Foto: National Museum of Naval Aviation Pensacola)

Mit gefalteten Flügeln und aufgeklappter Bugnase steht die F2H-3 im Vordergrund 1952 auf der USS Midway (CV-41). Im Hintergrund ist eine F7U-3 Cutlass zu erkennen. (Foto: National Museum of Naval Aviation Pensacola)

Damit konnten Schiffsverbände auf über 300 km, anfliegende Jets immerhin noch auf etwa 35 km erkannt werden. Die F2H-4 war insgesamt leistungsfähiger und erreichte beispielsweise 17.000 m Flughöhe. Manche der Flugzeuge erhielten wiederum eine Vorrichtung zur Luftbetankung. Ein letztes Exemplar aus dieser Baureihe wurde im September 1953 fast zeitgleich mit den letzten F2H-3 geliefert. Mit ihr lief dann die Fertigung der Banshee nach insgesamt 892 Stück aus.
F2H-4 waren ab 1953 Bestandteil dreier Marine Corps-Staffeln, am längsten verblieben diese Flugzeuge bis März 1958 bei VMF-214 im Dienst. In ihrer Doppelrolle als Nachtjäger sowie als vollwertiger taktischer Atombomber wurde die F2H-4 bei den operationellen Navy-Einheiten 1959 ausgemustert, eine letzte Einsatzfahrt hatte von April bis Oktober an Bord der *USS Hornet* stattgefunden. Danach flog die Banshee noch bis in die 1960er-Jahre in Reserveverbänden, zwischenzeitlich erfolgte 1962 die Umbenennung in F-2D, die F2H-3 erhielten nachträglich die Bezeichnung F-2C.

Einsatzstaffeln (Auswahl):
VA-12, 34, 44, 76, 106, 152, 172
VC-3, 4, 61, 62
VF-11, 12, 22, 23, 31, 34, 41, 44, 52, 62, 64, 71, 74, 76, 82, 92, 101, 102, 114, 121, 141, 151, 152, 171, 172, 193, 194, 213
VMF-114, 122, 214, 224, 533
VMJ-1, 2

Grumman F9F Panther

Ab 1943 beschäftigten sich die Ingenieure bei Grumman mit verschiedenen Jagdflugzeug-Projekten, welche Strahlantrieb besitzen sollten, doch erst nach einer Anfrage der US Navy für einen trägergestützten, strahlgetriebenen Nachtjäger rückte die Realisierung in greifbare Nähe. Die ursprüngliche und 1946 bestellte XF9F-1 basierte auf dem Grumman-Entwurf G-75 mit vier kleinen Westinghouse-Strahltriebwerken. Der Auftrag wurde aber bald in die einstrahlige G-79 geändert, als das britische Nene-Triebwerk zur Verfügung stand, dessen Lizenzversion sich J42 nannte. Die Vollentwicklung der Panther begann 1947, die US Navy orderte neben einer Bruchzelle für statische Versuche am Boden drei Prototypen XF9F-2. Der erste von ihnen erhob sich am 21. November 1947 in die Luft und hatte noch ein Nene-Triebwerk zum Antrieb. Das zweite Versuchsmuster erhielt die amerikanische Lizenzausführung und flog fünf Tage später erstmalig, stürzte aber im Oktober während der Erprobung ab. Der dritte Prototyp wurde vom Allison J33 angetrieben, das mit 20,46 kN über etwas weniger Schub verfügte. Die Maschine wurde in XF9F-3 umbenannt und begann am 16. August 1948 mit der Flugerprobung.

Während das Allison-Triebwerk als Alternative gedacht war, sollte das Nene als J42 eigentlich von der Taylor Turbine Corporation gefertigt werden. Wegen mangelnden Kapazitäten wurde der Lizenzvertrag aber an Pratt & Whitney abgegeben. Produktion und Auslieferung kamen trotzdem nur langsam in Gang. So begann zuerst die Variante F9F-3 den Dienst bei der US Navy, nämlich im Mai 1949 bei VF-51 im kalifornischen San Diego. Sie übten im Folgejahr auch als erste von der *USS Boxer* aus nächtliche Trägerstarts und Landungen. Die erste Serien-F9F-2 flog dagegen im August 1949 erstmals und der erste operationelle Nutzer dieses Typs war VF-111, ebenfalls an der Westküste stationiert.

Da sich das J42-Triebwerk als besser erwies, wurde die Version F9F-2 in wesentlich größeren Stückzahlen als die F9F-3 mit dem J33 gebaut. Die Produktion endete dort bereits nach der 54. Maschine und viele F9F-3 wurden zu F9F-2 umgerüstet. Ab dem 13. Exemplar waren die an

Flugzeugtyp	F9F-5 Panther
Verwendung	Jagd-/Jagdbombenflugzeug
Besatzung	1
Triebwerk	ein Pratt & Whitney J48-P-6A mit 31,1 kN
Spannweite	11,58 m
Länge	11,84 m
Höhe	3,73 m
Flügelfläche	23,22 m²
Leermasse	4603 kg
Startmasse	max. 9637 kg
Höchstgeschwindigkeit	972 km/h
Steiggeschwindigkeit	25,8 m/s
Dienstgipfelhöhe	13.045 m
Reichweite	2090 km
Bewaffnung	vier 20-mm-MK M3 mit je 190 Schuss sowie bis 908 kg Bomben, ungelenkte Raketen an bis zu acht Aufhängepunkten

Die Panther, hier eine Maschine der ersten Serienversion F9F-2 im Sommer 1952, gehörte eine Zeit lang zu den ersten wichtigen Kampfjets der US-Trägerkampfgruppen. (Foto: US Navy)

Zwei Panther der Staffel VF-151 überfliegen im Mai 1955 den Flugzeugträger USS Wasp (CV-18), auf dem massenweise weitere F9F geparkt sind. (Foto: National Museum of Naval Aviation Pensacola)

den Flügelspitzen befestigten Tanks Serienstandard, die Triebwerksbaureihen J42-P-4, -P-6 und -P-8 verfügten alle über den gleichen Schub von rund 22,3 kN.

Viele der über 500 F9F-2 wurden zu Jagdbombern mit vier zusätzlichen Bombenschlössern modifiziert und zeitweise F9F-2B genannt, andere wurden zu unbewaffneten Fotoaufklärern F9F-2P umgebaut.

Die F9F-4 war die nächste Panther-Version, besaß einen um 0,61 m verlängerten Vorderrumpf und eine höhere interne Kraftstoffkapazität, ein geändertes Leitwerk, eine erhöhte Außenlast sowie ein stärkeres J33-A-16-Triebwerk. Sie flog erstmals im Juli 1950, doch wurden die meisten dann mit dem leistungsfähigerem Triebwerk J48 als F9F-5 ausgeliefert oder mit diesem nachgerüstet. Es stellte die Lizenzversion des britischen Rolls-Royce Tay dar. Die F9F-5 war parallel entstanden und erstmals Ende 1949 geflogen, verfügte ebenfalls über den längeren Rumpf und das modifizierte Leitwerk. Die F9F-5 wurde schließlich zur wichtigsten Panther-Variante und bis Januar 1953 hergestellt. Die US Navy hatte das Flugzeug ab November 1950 erhalten und ersetzte damit größtenteils die F9F-2-Baureihe. Mit Ausbruch des Koreakrieges waren sieben der verfügbaren US-Flugzeugträger zum Einsatz von Jets tauglich, anfangs waren je eine, später je zwei Panther-Staffeln auf einem Trägerschiff zu finden. Nur zehn Tage nach Kriegsbeginn kamen die ersten Panther der Staffeln VF-51 und VF-52 an Bord der *USS Valley Forge* am Konfliktherd an und nachfolgend stellten die F9F-2, -F-3 und -F-5 die wichtigsten Kampfjets (715 von insgesamt 826) der US-amerikanischen Marine sowie des Marine Corps im Koreakrieg dar. Letztlich verwendeten zwei Dutzend Einsatzstaffeln von Navy und Marines die Panther über Korea und trugen trotz vieler Unfälle wesentlich dazu bei, strahlgetriebene Kampfflugzeuge in den alltäglichen Flugzeugträgerbetrieb zu überführen. Über Korea waren es über 78.000 Einsätze, wozu neben Aufklärungsmissionen vor allem die Verwendung als Jagdbomber und Jagdflugzeug zählte. Eine F9F-3 erzielte dabei am 3. Juli 1950 den ersten Luftsieg der US Navy – über eine kolbenmotorgetriebene Jak-9 der nordkoreanischen Streitkräfte. Es folgten weitere Abschüsse, am 9. November 1950 auch erstmals über eine MiG-15 und damit erstmals über einen Jet. Während ihrer Einsätze erwies sich die Panther als robust und zuverlässig, von 64 gezählten Verlusten in diesem Konflikt sollen höchstens drei durch MiGs im Luftkampf verursacht worden sein.

Im Laufe der Produktion gab es einige aerodynamische Verfeinerungen am Außenflügel der F9F-5, um etwa die Landegeschwindigkeit zu verringern oder das Überziehen des Flugzeugs zu vermeiden. Auch wurden mit Maschinen dieses Typs Luftbetankungen erprobt, deren Erfolge die Navy dazu veranlassten, zukünftig sämtliche Strahljäger mit Nachtankvorrichtungen auszustatten. Zu den Pluspunkten zählte ferner die Wartungsfreundlichkeit des Flugzeugs. Die Serienproduktion der Panther lief bis Januar 1953 und insgesamt wurden von allen Ausführungen 1385 Exemplare hergestellt. Ihr Dienst endete 1958, nach der Ausmusterung wurden einige Maschinen zu Zieldrohnen F9F-5K sowie Drohnenleitflugzeugen F9F-5KD umgebaut.

Eine Panther wird auf dem Träger startklar gemacht. Gut zu erkennen die dreieckigen Lufteinlässe in den Tragflächenwurzeln, die vier Kanonen im Bug sowie die typischen Flügelspitzentanks. (Foto: US DoD)

Einsatzstaffeln (Auswahl):
VC-61
VA-23, 46, 52, 54, 56, 66, 72, 76, 146, 174
VF-21, 24, 34, 51, 61, 82, 83, 84, 91, 93, 94, 102, 111, 112, 113, 123, 151, 153, 191
VMA-223, 224, 334
VMCJ-3
VMF-115, 122, 211, 213, 214, 223, 224, 232, 234, 235, 312, 323, 334, 451

Auf der USS Philippine Sea (CV-47) werden F9F-2 gewartet und zum Start vorbereitet. Mit Flugzeugen vom Typ Panther war der Träger dreimal an Verlegungen zum Kriegsschauplatz Korea und nachfolgenden Kampfeinsätzen beteiligt. (Foto: National Museum of Naval Aviation Pensacola)

Douglas F3D Skyknight

Die Entwicklung der Skyknight geht bis auf das Jahr 1945 zurück, als Überlegungen zu einem zweisitzigen, strahlgetriebenen Nachtjäger mit einem weitreichenden Radar angestellt wurden. Noch im Oktober 1945 begannen die Entwicklungsarbeiten bei Douglas und ein Kontrakt mit der US-Marine führte zum Bau von drei Prototypen mit der Bezeichnung XF3D-1. So entstand ein Ganzmetall-Tiefdecker mit Trapezflügeln, welche sich zur besseren Unterbringung an Bord von Trägern nach oben klappen ließen. An der Unterseite des relativ plumpen Rumpfes waren die beiden nachbrennerlosen Strahltriebwerke angebracht, die eigentlich aus dem Westinghouse J46 mit je 20,5 kN Schub bestehen sollten. Doch waren diese problembehaftet und die nicht enden wollenden Schwierigkeiten führten zur Verwendung des schwächeren J34 vom selben Hersteller. Das Cockpit nahm die beiden Besatzungsmitglieder nebeneinander auf, die allerdings keine Schleudersitze besaßen und im Notfall stattdessen mittels Fallschirm über eine Rutsche in der Bodenwanne das Flugzeug verlassen mussten. Ein breiter Rumpf war auch für die Aufnahme des weitreichenden Radars notwendig, wobei die ersten beiden Prototypen zunächst das SCR-720 erhielten, der dritte dann das bei den Serienmaschinen vorgesehene AN/APQ-35. Das von Westinghouse hergestellte AN/APQ-35 bestand praktisch aus einem Suchradar AN/APS-21 sowie einem kleineren, unmittelbar davor installierten AN/APG-26-Feuerleitradar. Neben dem Radar befanden sich im Vorderrumpf auch die vier 20-mm-Kanonen. Das Fahrwerk bestand aus drei einziehbaren und jeweils einfach bereiften Baugruppen in Bugradanordnung, am Heck gab es vor dem Fanghaken ein kleines Spornrad. Im Rumpfheck war zudem ein rund 15 km weit reichendes Warnradar AN/APS-28 installiert. Zwei unter den Tragflügeln mitgeführte 568 l fassende Zusatztanks konnten die Reichweite auf über 2000 km ausdehnen, während drei intern untergebrachte

Flugzeugtyp	**F3D-2 Skyknight**
Verwendung	Jagdflugzeug
Besatzung	2
Triebwerk	zwei Westinghouse J34-WE-36 mit je 15,13 kN
Spannweite	15,24 m
Länge	13,87 m
Höhe	4,89 m
Flügelfläche	37,16 m^2
Leermasse	8237 kg
Startmasse	12.610 kg
Höchstgeschwindigkeit	909 km/h
Steiggeschwindigkeit	22, 8 m/s
Dienstgipfelhöhe	12.150 m
Reichweite	1931 km
Bewaffnung	vier 20-mm-MK M3 mit je 200 Schuss, möglich bis zu 1814 kg Bomben oder ungelenkte Raketen an zwei Aufhängepunkten

Diese im März 1951 fotografierte F3D-1 diente in der Staffel VC-3, wo Piloten und Bodenpersonal auf den Nachtjäger geschult wurden. Man erkennt die geöffneten Luftbremsen am Heck. (Foto: National Museum of Naval Aviation Pensacola)

Am 29. Februar 1952 unternimmt Pilot Lawrence Hayworth die erste Trägerlandung einer F3D-2 auf der USS Midway. Auffällig das breite Cockpit für die nebeneinander sitzende Crew. (Foto: National Museum of Naval Aviation Pensacola)

und selbstversiegelnde Kraftstofftanks sich in der Rumpfmitte befanden und insgesamt rund 6000 l aufnahmen.

Testpilot Russ Thaw brachte den ersten Prototyp XF3D-1 am 23. März 1948 erstmals in die Luft, im selben Jahr flogen am 6. Juni auch die zweite und am 7. Oktober die dritte Versuchsmaschine zum ersten Mal. Noch 1948 war eine Erstorder über 28 Serienexemplare erteilt worden, die etwas stärkere Triebwerke J34-WE-32 und –34, einige strukturell verstärkte Baugruppen sowie geänderte Avionik erhielten.

Eine erste Serienmaschine flog ab Februar 1950, die ab August zu Testzwecken an die US Navy ging. Ab Dezember wurde das Muster von der Staffel VC-3 auf der Basis Moffett Field, Kalifornien, eingesetzt – hauptsächlich zur Schulung von Piloten und Wartungspersonal. Kurz danach bekam mit VMF(N)-542 auch das Marine Corps ihre ersten F3D-1, die zum Naval Air Test Center El Toro, Kalifornien, überführt wurden.

Das US Marine Corps verwendete die Skyknight bis 1970. Dieses Flugzeug diente als F3D-2Q in der Staffel VMCJ-2 und somit Luftbild- und Aufklärungszwecken. (Foto: National Museum of Naval Aviation Pensacola)

Im Jahre 1952 war der zweite Skyknight-Prototyp das erste Flugzeug, das die Sparrow I-Luftkampfrakete mit halbaktiver Radarlenkung testete und mindestens zwölf weitere Serienmaschinen wurden für diese Versuche modifiziert, mit vier externen Aufhängevorrichtungen versehen und mit F3D-1M bezeichnet.

Schon 1949 waren Spezifikationen für eine weiterentwickelte F3D-2 (ab 1962 F-10B genannt) erarbeitet worden, welche eine überarbeitete Elektronik, einen G-3-Autopiloten von General Electric, eine verstärkte Kanzel sowie eine verbesserte Klimaanlage erhalten sollte. Nicht zuletzt sollten stärkere Triebwerke zum Einsatz kommen, doch blieb es bei der neueren WE-36-Version des J34 statt des geplanten J46. Eine erste F3D-2 flog am 14. Februar 1951. Von ihr wurden bis März 1952 insgesamt 237 Stück gebaut und sie stellte damit die Hauptserienversion dar. Gut ein Dutzend Navy- sowie mindestens acht Marines-Staffeln wurden zu Nutzern des zweistrahligen Jägers. Einige dieser Staffeln wie VC-3, VX-4, VX-5 oder VT-86 nutzten die Skyknight ausschließlich für verschiedene Testreihen, zur Weiterentwicklung und Bewertung, zur Erarbeitung von Einsatztaktiken sowie dem Training von Reservepiloten und Radaroperateuren.

Im Verlauf des Jahres 1952 gelangten F3D-2 mit den Marines-Staffeln VMF(N)-542 und -513 nach Korea, um landgestützt hauptsächlich B-29-Bomber der US Air Force bei Nacht zu eskortieren, aber auch vereinzelt selbst Abfang- sowie Jagdbombereinsätze zu fliegen wie beispielsweise im März und April 1953. Am 2. November 1952 gelang einer Skyknight außerdem der erste Abschuss eines Düsenjägers bei Nacht, wobei manchmal behauptet wird, es handelte sich um eine Jakowlew Jak-15 oder Jak-17. Andere Quellen sprechen von einer MiG-15, von der fünf weitere während des Koreakriegs von der F3D-2 abgeschossen wurden. Bei den Feindberührungen stellte die Radarausrüstung der Skyknight einen klaren

Fest an Deck verzurrt und mit hochgeklappten Tragflächen zeigt sich diese F3D-2 der Staffel VF-14 auf der USS Intrepid. Bemerkenswert hier die Stützstangen zur Entlastung des Flügelfaltmechanismus. (Foto: National Museum of Naval Aviation Pensacola)

Vorteil dar. So konnten gegnerische Flugzeuge frühzeitig geortet und bei den im Vergleich zur MiG-15 deutlich schlechteren Flugeigenschaften Ausweichmanöver begonnen oder aber ein Abfangmanöver eingeleitet werden. Mit dem Flugzeugträger *USS Lake Champlain* kamen im Frühjahr 1953 auch vier F3D-2 der Navy-Staffel VC-4 über Korea zum Einsatz, um hauptsächlich die mit dem Muster ausgestatteten Marines-Verbände zu unterstützen. Insgesamt vier Skyknight gingen während der Kampfeinsätze verloren.

Sämtliche Skyknight kamen von Küstenbasen aus zum Einsatz, außer Maschinen der Navy-Staffel VC-4. Diese operierten 1952/53 von den Trägerschiffen *USS Coral Sea*, *Midway* und *Lake Champlain* aus und unternahmen Einsatzfahrten im Mittelmeer sowie vor der Küste Koreas. Mit diesen F3D wurden vorwiegend Einsatzszenarien zum Schutz der Trägerflotte bei Nacht und jedem Wetter geübt. Nach dem Koreakrieg wurde das Flugzeug schnell durch modernere, leistungsstärkere Typen in vorderster Linie verdrängt und bei der US Navy erfolgte vielfach der Einsatz für Schulungs- und Testzwecke. Sie dienten beispielsweise Versuchen mit verschiedenen Waffen einschließlich der bereits erwähnten Sparrow-Luftkampfrakete, neuen Radargeräten und -verkleidungen sowie anderer elektronischer Ausrüstung. Das Unternehmen Raytheon nutzte gar bis in die 1980er-Jahre drei mit Kennzeichen der US Army versehene Skyknights für Tests. Sie stellten zugleich die letzten fliegenden Exemplare dieses Typs dar. Etliche Jahre zuvor waren F3D-2 zu Trainern F3D-2T sowie Radartrainern F3D-2T2 umgebaut worden und hießen ab 1962 TF-10B. Weitere 16 wurden in F3D-2M (MF-10B ab 1962) mit APQ-36-Radar und mit vier Sparrow-Raketen als Bewaffnung umgerüstet und 35 andere für ECM-Aufgaben als F3D-2Q (EF-10B ab 1962) genutzt. Diese EF-10B standen zur Zeit des Vietnamkriegs bei drei US Marine Corps-Staffeln im Dienst. Die Einheit VMCJ-1 war dabei mit etwa zehn EF-10B in Da Nang, Südvietnam, stationiert und absolvierte 1966 allein von dort aus 1761 Einsätze hauptsächlich über Nordvietnam. Hierbei wurden gegnerische Radare ausfindig gemacht und gestört sowie eigene Kampfflugzeuge bei der Bekämpfung derartiger Anlagen unterstützt. Insgesamt vier EF-10B wurden von den Vietnamesen abgeschossen, eine weitere Maschine ging bei einer Havarie verloren. Bis zum Abzug des Musters 1969 kamen weitere erfolgreiche Missionen hinzu, wenngleich die Einheit mittlerweile auch modernere Typen für diesen Aufgabenbereich verwendete. Das Marine Corps verwendeten die Skyknight länger als die Navy und stellte die letzten EF-10B im Mai 1970 außer Dienst.

Einsatzstaffeln (Auswahl):
VC-3, 4, 33
VF-11, 14, 101, 121
VF(AW)-3
VMF(N)-513, 531, 542
VMJC-1, 2, 3
VT-86

Im März 1956 wird diese F7U3 mit einem Lift auf das Deck der USS Forrestal transportiert, die Tragflächen sind eng an die Seitenflossen geklappt. (Foto: National Museum of Naval Aviation Pensacola)

möglich. Ein Sperry-Radar AN/APG-30 sowie ein Aero-Feuerleitsystem A-10D mit automatischem Kanonenvisier konnten den Waffeneinsatz unterstützen.

Als Ableitung entstand in kleiner Stückzahl von zwölf Exemplaren der Fotoaufklärer F7U-3P mit fünf Kameras im 0,64 m längeren Rumpfbug. Diese Maschinen besaßen hauptsächlich innerhalb der Staffel VX-3 Erprobungscharakter, die zu komplizierte Handhabung des Kamerasystems verhinderte den regulären Einsatz.

In 98 Exemplaren wurde hingegen die F7U-3M mit Raketenbewaffnung ab 1953/54 hergestellt. Diese Version verfügte über vier Aufhängepunkte für Sparrow I-Luft-Luft-Lenkraketen und ein dazu gehöriges AN/APQ-51-Lenkradar von Sperry. Mit einem Abfluggewicht von bis zu 16.783 kg war sie insgesamt schwerer. Wie die Ausgangsvariante konnte aber auch die F7U-3M mit Bomben sowie dem Unterrumpfbehälter mit den ungelenkten Raketen bestückt werden. Letztere Option fand im Dienst aber nur selten Anwendung, da die beiden je 16 Ra-

keten fassenden Kammern dieser Abschussbehälter hintereinander angeordnet waren. So konnte es zu Fehlfunktionen kommen, bei denen die Raketen der hinteren Kammer es nicht durch die vordere Kammer schafften und Brände verursachten. Die in Point Mugu, Kalifornien, beheimatete Staffel VX-4 nutzte die F7U-3M mit Sparrow I-Raketen zur Einsatzerprobung, auch auf Trägerschiffen wie der *USS Lexington*. Ab Juni 1955 flogen mindestens sechs operationelle Einsatzverbände, zuerst VF-83, das Flugzeug. An Bord der *USS Hancock* waren 1957 Maschinen dieses Typs während der Spannungen zwischen China und Taiwan in der Straße von Formosa unterwegs. Für die Staffel VA-116 war dies zugleich die letzte Einsatzfahrt mit der Cutlass. Mit der Auslieferung einer F7U-3M endete im August 1955 auch der Serienbau der Cutlass nach insgesamt 307 Exemplaren einschließlich der Prototypen.
Aufgrund gravierender Schwächen wie komplizierten und anfälligen Systemen, Fahrwerksbrüchen sowie unzureichender Triebwerksleistung bei größerer Zuladung war die Einsatzbereitschaft des Flugzeugs stark eingeschränkt. Manchmal wurde die Cutlass für den normalen Einsatzbetrieb nicht freigegeben, als zu unsicher eingestuft und die Piloten hatten letztlich ein Defizit an Einsatzerfahrung. Auch das Bodenpersonal hatte seine Schwierigkeiten mit dem Muster. Zahlreiche Unfälle – mehr als 80 mit über 50 Totalverlusten – brachten der Maschine insgesamt einen schlechten Ruf ein. So begann bereits ab 1956 die Außerdienststellung und als letztes flugtaugliches Exemplar wurde ein Aufklärer F7U-3P im März 1959 beim Naval Parachute Center in El Centro, Kalifornien, ausgemustert. Vier Entwicklungs- und Erprobungsstaffeln sowie zehn Einsatzstaffeln hatten die Cutlass geflogen. Das Marines Corps testete lediglich zwei F7U-3 Mitte der 1950er-Jahre.

Einsatzstaffeln (Auswahl):
VA-12, 34, 116, 126
VC-3
VF-81, 83, 84, 124, 151, 212

Eine F7U-3M wird für einen Flug vorbereitet, im Vordergrund erkennt man unter dem Tragwerk eine Sparrow I-Luftkampfrakete, die per Richtstrahl ins bis zu 8 km weit entfernte Ziel gelenkt werden konnte. Bemerkenswert auch die extrem lange Bugradstrebe des Jets. (Foto: National Museum of Naval Aviation Pensacola)

North American T-28 Trojan

Die US-Luftwaffe suchte Ende der 1940er-Jahre ein neues Schulflugzeug als Ersatz für die ebenfalls von North American in gewaltigen Stückzahlen gebaute T-6 Texan. Nach einer entsprechenden Ausschreibung präsentierte North American 1948 seinen von Anfang an gut durchdachten Entwurf NA-159 und nachfolgend wurden zwei Prototypen in Auftrag gegeben. Als XT-28 wurde die Flugerprobung am 26. September 1949 aufgenommen und im darauf folgenden Jahr erteilte die US-Luftwaffe einen ersten Serienauftrag über 266 Maschinen T-28A, die fortan dem Basistraining dienen sollten. Letztendlich sollten 1194 Exemplare des A-Modells die Werkhallen verlassen, von denen zwei von der US Navy getestet wurden. Das führte zur Version T-28B, die im April 1953 ihren Erstflug absolvierte. Ab 1954 begann die Zuführung der T-28B an die US Navy, die sie später in elf Trainingsstaffeln nutzte. Insgesamt 489 dieser Flugzeuge liefen vom Band, welche gegenüber dem Vorgängermodell T-28A über einen wesentlich stärkeren Neunzylinder-Sternmotor Wright R-1820-86 mit 1047 kW Leistung und einem Dreiblattpropeller verfügte. Mit diesem Antrieb war auch die am 19. September 1955 erstmals geflogene Variante T-28C versehen, die ebenfalls von der US Navy bestellt wurde. Dank eines verstärkten Hinterrumpfes und ausgestattet mit einem darunter befindlichen Fanghaken war die T-28C trägertauglich, konnte somit zum Basis-, Fortgeschrittenen- und Instrumententraining und eben auch zur Qualifikation auf Flugzeugträgern verwendet werden. Die meisten T-28C befanden sich in der Trainingsstaffel VT-5, deren Heimatbasis die Naval Air Station Saufley Field, Florida war. Andere kamen vom benachbarten Pensacola sowie von der ebenfalls in Florida befindlichen NAS Whiting Field aus zum Einsatz. Vor allem die im Golf von Mexiko kreuzenden Flugzeugträger *USS Antietam* und ab 1963 die *USS Lexington* wurden in die Trägerqualifikationen mit der T-28C einbezogen. Mit angehängten MG-Behältern, Übungsbomben und Raketen war zudem das Waffentraining möglich. Die zur US-Atlantikflotte gehörende Staffel VA-42 sowie VA-122 von der Pazifikflotte verwendeten die T-28C ausschließlich als Instrumententrainer bis in die 1970er-Jahre. Ab da verringerte sich auch die Anzahl der Maschinen in den Trainingsverbänden der US Navy, bis die letzte im Frühjahr 1984 endgültig aus dem Dienst schied.
Bis 1957 wurden 299 T-28C hergestellt, zusätzlich rüstete North American zahlreiche Trojans der Baureihen A und B auf diesen Standard um.

Flugzeugtyp	**T-28C Trojan**
Verwendung	Schulflugzeug
Besatzung	2
Triebwerk	ein Wright R-1820-86 mit 1047 kW
Spannweite	12,22 m
Länge	10,48 m
Höhe	3,86 m
Flügelfläche	24,89 m²
Leermasse	2913 kg
Startmasse	max. 3856 kg
Höchstgeschwindigkeit	552 km/h
Steiggeschwindigkeit	17 m/s
Dienstgipfelhöhe	10.600 m
Reichweite	1380 km
Bewaffnung	möglich bis 816 kg MG-Behälter, Bomben, Raketen an zwei bis sechs Aufhängepunkten

Mit ausgeklapptem Fanghaken befindet sich diese T-28C im Anflug auf die USS Lexington (CV-16), die lange Zeit als Ausbildungsträger diente. (Foto: National Museum of Naval Aviation Pensacola)

Einsatzstaffeln (Auswahl):
VT-2, 3, 5, 6
VA-42, 122

Die T-28C stellte die trägertaugliche Variante der Trojan dar, leicht zu erkennen am Fanghaken unter dem Heck. (Foto: National Museum of Naval Aviation Pensacola)

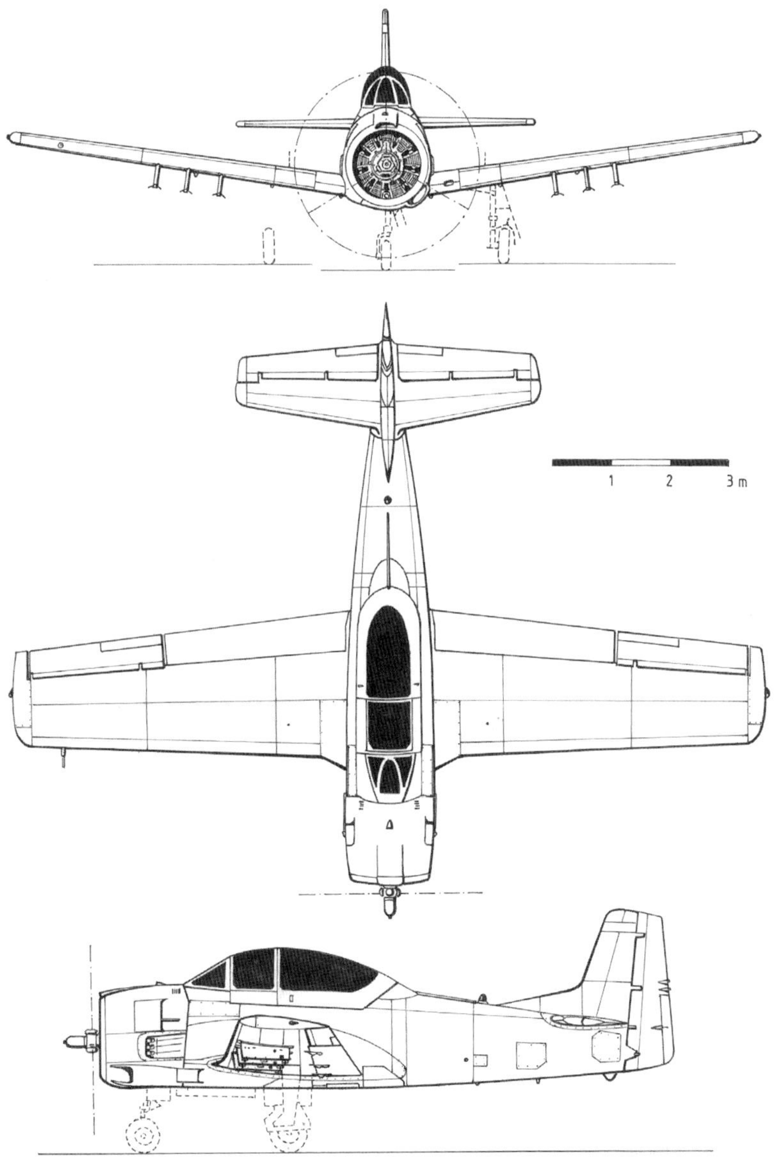

Dreiseitenriss T-28 Trojan (Zeichnung: Manfred Meyer)

Douglas F4D Skyray

Die F4D Skyray war das erste Flugzeug der US Navy, das im Horizontalflug Mach 1 erreichte und als erster trägergestützter Jäger einen Geschwindigkeitsweltrekord aufstellte.

Die Entwicklung des Flugzeugs geht auf eine 1947 herausgegebene Ausschreibung des Bureau of Aeronautics der US Navy zurück und bezog Konstruktionsschemen ein, die auf deutschen Forschungen von Nur- und Deltaflügeln insbesondere von Alexander Lippisch basierten. Im Juni 1947 wählte die US Navy den Douglas-Entwurf als besten aus, die nachfolgende Vollentwicklung beinhaltete einige Änderungen. Ende 1948 folgte der Auftrag über zwei Prototypen XF4D-1, die bis 1950 fertig gestellt waren. Da sich der Bau des vorgesehenen J40-Triebwerks von Westinghouse verzögerte, begann die Flugerprobung am 23. Januar 1951 mit dem nachbrennerlosen Allison-Triebwerk J35-A-17. Testpilot war Larry Peyton. Trotz des schwächeren Antriebs zeichnete sich eine hohe Manövrierfähigkeit und Steigleistung ab und mit der Nachrüstung des J40-WE-6 Anfang 1952 wurde Schallgeschwindigkeit erreicht. Dieses Triebwerk hatte ebenfalls keinen Nachbrenner, erst mit der Baureihe J-40-WE-8 war dieser nach viel zu großen Verzögerungen ab September 1953 zum Einbau gelangt. Bereits zu Beginn des Testflugprogramms wurden die ersten zwölf F4D-1 bestellt und im Frühjahr 1952 folgte der Auftrag zur Produktion von 230 Serienmaschinen.

Flugzeugtyp	**F4D-1 Skyray**
Verwendung	Jagdflugzeug
Besatzung	1
Triebwerk	ein Pratt & Whitney J57-P-8B mit 66,48 kN mit Nachbrenner
Spannweite	10,21 m
Länge	13,93 m
Höhe	3,96 m
Flügelfläche	51,75 m²
Leermasse	7268 kg
Startmasse	max. 13209 kg
Höchstgeschwindigkeit	1162 km/h
Steiggeschwindigkeit	92 m/s
Dienstgipfelhöhe	16.765 m
Reichweite	1930 km
Bewaffnung	vier 20-mm-MK Colt Mk12 mit je 65 Schuss sowie Raketenbehälter, gelenkte Luft-Luft-Raketen, bei Bedarf 1814 kg Bomben an bis zu sechs Aufhängepunkten

Die Skyray wirkte in vieler Hinsicht elegant, sicher sind daran ihre geschwungenen Formen an Trag- und Leitwerk mitverantwortlich. (Foto: National Museum of Naval Aviation)

Auf der USS Shangri-La (CV-38) startet im Januar 1961 diese F4D mit Hilfe des Dampfkatapults und mit vollem Nachbrenner. (Foto: National Museum of Naval Aviation Pensacola)

Das große Deltatragwerk verlieh der F4D eine unverwechselbare, formschöne Silhouette. Es war in Mitteldeckeranordnung ausgeführt und besaß abgerundete Enden. In den Flügelwurzeln waren die Lufteinläufe für das Strahltriebwerk integriert, an der Hinterkante übernahmen Elevons die Nick- und Rollsteuerung. Somit wurde auf ein separates Höhenleitwerk verzichtet, die Seitenflosse war ebenfalls gepfeilt und abgerundet. Das druckbelüftete Cockpit verfügte über eine gute Rundumsicht sowie einen Schleudersitz von Douglas. Im Rumpfbug war das APQ-50-Radar installiert, das gleich große Jagdflugzeuge auf bis zu 30 km Entfernung erfassen konnte und zugleich mit einem Aero 13F-Feuerleitsystem gekoppelt war. Neben den vier Bordkanonen konnten auch vier Abschussbehälter mit je 24 ungelenkten 70-mm-Raketen, Bomben oder gelenkte Sidewinder-Luftkampfraketen mitgeführt werden.

Am 3. Oktober 1953 stellte der zweite Skyray-Prototyp mit 1211,487 km/h einen neuen Geschwindigkeitsrekord über eine 3-km-Meßstrecke auf, am 16. Oktober folgte ein weiterer mit 1171,7 km/h auf 100 km. Zwischenzeitlich gab es reichlich Probleme mit dem J40-Triebwerk einschließlich Bränden und Explosionen, sodass man sich für den Einbau des stärkeren, mit Nachbrenner 64,5 kN leistenden und wirtschaftlicheren Pratt & Whitney J57-P-8 entschied. Dies erforderte allerdings einige Umkonstruktionen am Rumpf der Skyray. Das erfolglose J40-Programm veranlasste die Firma Westinghouse zum Ausstieg aus der Triebwerksproduktion.

Noch im Oktober 1953 wurde die Trägerqualifikation der F4D auf der *USS Coral Sea* abgeschlossen, eine erste Serienmaschine flog ab Juni 1954 und erreichte auf Anhieb Schallgeschwindigkeit. Einige Probleme wie etwa auftretende Turbulenzen bei hohen Geschwindigkeiten, mangelhafte Lufteinlässe oder unregelmäßig arbeitende Verdichter am Triebwerk erforderten weitere Modifikationen und so erhielt die US Navy erst im April 1956 die ersten Serienmaschinen. Ab diesem Monat führte VC-3 auf der NAS Moffett Field in Kalifornien als erste Skyray-Einheit die Einsatzerprobung mit dem neuen Jäger durch. Die erste Einsatzstaffel wurde ab Mitte 1956 die auf der NAS Oceana, Virginia, beheimatete Einheit VF-74. Im Juli 1957 unternahm VF-74 mit ihren Skyray die erste Einsatzfahrt an Bord des Flugzeugträgers *USS Franklin D. Roosevelt*, welche ins Mittelmeer führte.

Mit aufgestellten Flügelenden wird diese F4D der Staffel VF-141 über das Deck der USS Bon Homme Richard gezogen. (Foto: National Museum of Naval Aviation Pensacola)

Seit Anfang 1957 gehörte die F4D auch zum Einsatzinventar der Marines, erste Einsatzstaffel war hier VMF-115 auf der Ma-

Neben den Bordkanonen konnte die Skyray als Jagdflugzeug gelenkte Raketen wie die am Tragwerk sichtbare Sidewinder verwenden. (Foto: National Museum of Naval Aviation Pensacola)

rine Corps Air Station in Cherry Point, North Carolina. Später war VMF-115 eine der wenigen Marines-Verbände, die ebenfalls Einsatzfahrten an Bord von Trägern wie der *USS Independence* in Übersee absolvierten. Den Allwettereinsatzcharakter unterstreichend, änderte sich die Bezeichnung dieser wie auch weiterer Marines-Staffeln bald in VMF(AW)-115. Die Einheit wurde ab September 1958 gemeinsam mit VMF(AW)-314 während der Spannungen in der Straße von Formosa für sechs Monate in Ping Tung, Taiwan, stationiert und flog von dort aus Luftraumüberwachung.

Bereits im Mai 1958 stellte eine modifizierte F4D fünf Steigzeitrekorde auf und im Dezember des gleichen Jahres kam die letzte von 419 Serienmaschinen zur Auslieferung. Der Bauauftrag von mindestens 200 weiteren Exemplaren wurde gestrichen. Die F4D diente in neun operationellen Navy-Einsatzstaffeln sowie sechs des Marine Corps und wurde dort intern mit

Einsatzbetrieb auf der USS Bon Homme Richard (CV-31). Neben der F4D-1 ist rechts eine FJ-3 Fury zu sehen. (Foto: National Museum of Naval Aviation Pensacola)

Unter den Tragflächen tragen diese F4D der Staffel VF-162 Zusatzbehälter, die in der Luft nachgetankt werden können. (Foto: National Museum of Naval Aviation Pensacola)

»Ford« (in Anlehnung an das englisch ausgesprochene F4D) bezeichnet. Außerdem kamen Reserve- sowie Spezialeinheiten hinzu, zeitweilig wurde das Flugzeug in das nordamerikanische Verteidigungskommando NORAD (North American Aerospace Defense Command) eingebunden. NORAD sollte über den Nordpol anfliegende sowjetische Atombomber (später auch Atomraketen) frühzeitig erfassen und abwehren, ein entsprechender Vertrag zur Zusammenarbeit wurde dazu von Kanada und den USA geschlossen. Neben einer Vielzahl von Radarstationen gehörten Flugabwehrraketen und Jagdflugzeuge zu dieser Einrichtung, die F4D diente hierfür in der Staffel VF(AW)-3.

Im Einsatz offenbarten sich gute Flugeigenschaften mit hoher Steigleistung und Einsatzflughöhe sowie eine Höchstgeschwindigkeit im Schallbereich oder die Nützlichkeit des Radars. Weniger gut war die kurze Einsatzdauer des Flugzeugs, die der geringen internen Kraftstoffkapazität geschuldet war und mit zwei externen 1136 l fassenden Zusatztanks nahezu verdoppelt werden konnte. Zum Teil erfolgte auch die Bestückung mit Zusatztanks, die eine Luftbetankungsvorrichtung besaßen. Bei vielen Piloten galt diese Methode jedoch als unpopulär, ebenso wie die Cockpitinstrumentierung oder die hohen Landegeschwindigkeiten. Hierbei versagten mehrmals Fangseile auf Trägerschiffen, die neben ungeeigneten Hydraulikkatapulten zu Unfällen führten. Ferner mussten die mit Holz beplankten Flugzeugträgerdecks mit Stahlplatten verstärkt werden.

Dies sowie der Mangel an einer Mehrzweckfähigkeit führte letztlich zu einer relativ kurzen Einsatzperiode bei US Navy und Marines. In dieser Zeit wurde die Skyray zeitweise auch in Krisengebiete beordert sowie neben Taiwan später auch auf Guantanamo, Kuba, stationiert. Im September 1962 erfolgte die Umbenennung in F-6A, zu jener Zeit stand das Muster noch bei vier Einsatz- sowie drei Reservestaffeln im Dienst. Mit der Rückführung von VMF(AW)-542 von Atsugi, Japan in die USA endete im November 1963 der letzte Überseeeinsatz der Skyray, die letzten Einsatzmaschinen wurden im Februar 1964 ausgemustert. Bis Oktober dienten mehrere Exemplare noch als Drohnenleitflugzeuge und mindestens zwei wurden bis 1969 in der Testpilotenschule der US Navy in Patuxent River geflogen.

Eine weiterentwickelte Variante F4D-2, die später in F5D Skylancer umbenannt wurde, übernahm vor allem die Flügelform der Skyray, allerdings mit reduziertem Dickenverhältnis. Veränderungen gab es auch beim Seitenleitwerk, der Pilotenkanzel und dem Rumpf. Dieser wurde gestreckt, um mehr Kraftstoff aufzunehmen. Ferner erhielt das Flugzeug ein stärkeres J57-Triebwerk und erzielte damit von Beginn an bessere Leistungen. Die erste F5D-1 absolvierte am 21. April 1956 ihren Jungfernflug und erreichte dabei Überschallgeschwindigkeit. Später wurden gar Mach 1,56 erzielt und einige Schwächen der F4D beseitigt bzw. minimiert. Die Skylancer sollte als Jagdflugzeug die Aufgaben der Skyray im Allwetterbereich besser erfüllen, doch war die von Vought konzipierte F8U Crusader überlegen. Von anfangs 19 georderten Flugzeugen wurden letztlich nur vier gebaut, im März 1957 wurde das gesamte Programm eingestellt. Nachfolgend dienten die vier Skylancer noch als fliegende Prüfstände bei der NASA.

Einsatzstaffeln (Auswahl):
VF-13, 23, 51, 74, 101, 102, 141, 162, 213
VMF(AW)-114, 115, 314, 513, 531, 542

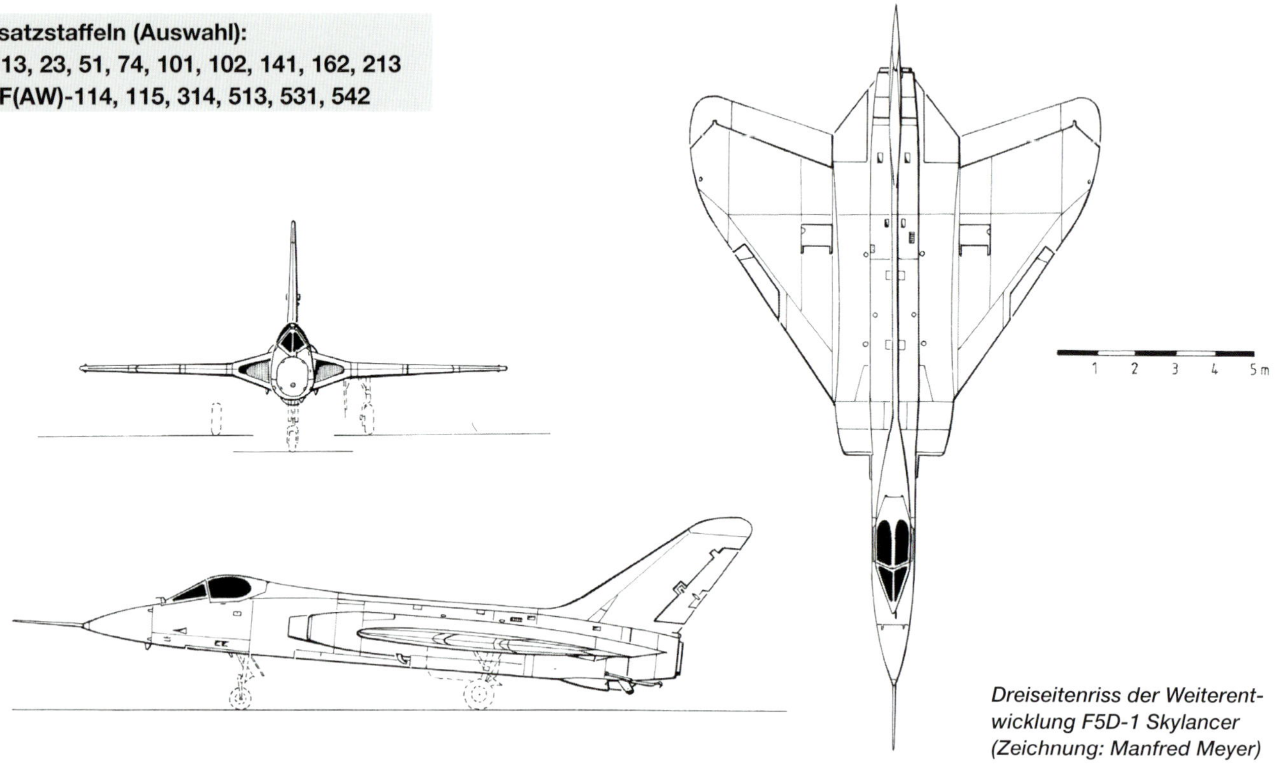

Dreiseitenriss der Weiterentwicklung F5D-1 Skylancer (Zeichnung: Manfred Meyer)

Bis Ende 1970 diente die Skylancer innerhalb verschiedener Testreihen bei der NASA. Während der Tragflügel nur geringfügige Modifikationen erfuhr, war der Rumpf gut 2,40 m länger als beim Vorgänger und die Startmasse stieg auf über 13.000 kg an. (Foto: NASA)

McDonnell F3H Demon

Die Mehrzahl der ersten bei den US-Marinefliegern in Dienst gestellten Jagdflugzeuge mit Düsenantrieb waren Übergangslösungen, sie dienten zum Sammeln von Erfahrungen im Trägereinsatz und zeigten noch verschiedene Mängel auf, welche die Leistungsfähigkeit beeinträchtigen. Schon im Mai 1948 hatte das Bureau of Aeronautics der US Navy eine Spezifikation für einen bordgestützten Abfangjäger herausgegeben, der leistungsfähiger als alle bisherigen sowie alle landgestützten Typen sein sollte. McDonnell hatte sich mit dem »Modell 58« an der entsprechenden Ausschreibung beteiligt und dieser Entwurf wurde Ende des Jahres als bester von insgesamt elf Vorschlägen ausgewählt. Im September 1949 erfolgte die Order über zwei Prototypen XF3H-1.

Das Flugzeug besaß eine einzelne Westinghouse-Strahlturbine J40 mit auffallend schmalen Lufteinlässen sowie einen um 45° gepfeilten, tief angesetzten Tragflügel. Doch inzwischen wollte die US Navy statt eines Tagjägers einen Allwetterjäger, was einige Änderungen erforderte. Dadurch stiegen die Programmkosten und Verzögerungen waren die Folge.

Das erste Versuchsmuster XF3H-1 erhob sich am 7. August 1951 in die Luft, das zweite folgte im Januar 1952 in die Flugerprobung. Beide Maschinen erhielten als Antrieb zur Überbrückung nachbrennerlose Varianten des J40-WE-6, die zahlreiche Mängel und damit verbundene unzureichende Flugeigenschaften während des Testflugprogramms offenbarten.

Flugzeugtyp	**F3H-2 Demon**
Verwendung	Jagd-/Jagdbombenflugzeug
Besatzung	1
Triebwerk	ein Allison J71-A-2E mit 63,4 kN mit Nachbrenner
Spannweite	10,77 m
Länge	17,96 m
Höhe	4,44 m
Flügelfläche	48,22 m²
Leermasse	10.039 kg
Startmasse	max. 15.377 kg
Höchstgeschwindigkeit	1116 km/h
Steiggeschwindigkeit	65 m/s
Dienstgipfelhöhe	13.000 m
Reichweite	2205 km
Bewaffnung	vier 20-mm-MK Colt Mk12 mit je 150 Schuss sowie bis 2722 kg Bomben, ungelenkte Luft-Boden-Raketen, gelenkte Luft-Luft-Raketen an acht Aufhängepunkten

Gelenkte Sparrow III-Luftkampfraketen machen die Hauptbewaffnung dieser zur Staffel VF-193 gehörenden F3H-2 aus. (Foto: National Museum of Naval Aviation Pensacola)

Diese F3H-2N steht unmittelbar davor, mit dem Fanghaken ein Fangseil auf der USS Lexington zu erwischen. (Foto: National Museum of Naval Aviation Pensacola)

Auffallend schmal fielen die Lufteinlässe der Demon aus. Diese Maschine ist auf der USS Coral Sea festgezurrt. (Foto: National Museum of Naval Aviation Pensacola)

Die Tragflächen dieser F3H-2M sind hochgeklappt, sie ist Teil der Jagdstaffel VF-61. Gut erkennt man hier die einzelne Triebwerksdüse unter dem Leitwerk. (Foto: National Museum of Naval Aviation Pensacola)

Hinzu kamen Stabilitätsprobleme, kritische Rollraten und eine ungenügende Sicht nach vorn. Der erste Prototyp wurde nach einem Triebwerksfehler bei der Landung im August 1952 beschädigt, mehrmals wurden beide Versuchsmaschinen gegroundet. Die Ingenieure und Techniker bei McDonnell realisierten nachfolgend einige Modifikationen und der zweite Prototyp wurde im Januar 1953 mit dem 46,7 kN starken Nachbrennertriebwerk J40-WE-8 ausgestattet. So wurde die Flugerprobung im Laufe dieses Jahres fortgeführt einschließlich der Trägererprobung an Bord der *USS Coral* Sea ab Oktober.

Die erste Serienmaschine F3H-1N startete Ende 1953 zum Erstflug und diente wie einige weitere Exemplare zunächst der Einsatzerprobung, welche katastrophale Ausmaße annehmen sollte. Im März 1954 war der erste Prototyp durch eine Triebwerksexplosion verloren gegangen, der zweite verblieb am Boden. Bei elf weiteren Unfällen innerhalb nur weniger Tage gingen sechs zusätzliche Demons verloren und töteten dabei drei Piloten. Das Triebwerk der Demon war zu schwach und störanfällig, das Flugzeug galt als unsicher und war bei den Piloten unbeliebt. Auch in der Öffentlichkeit erschien es in einem schlechten Licht. Die ohnehin verzögerte Produktion der F3H-1N wurde von der US Navy nach 58 Exemplaren – nur etwas mehr als einem Drittel des geplanten Umfangs – gestoppt. Ab Juli 1955 verblieben alle Maschinen am Boden. Keine wurde in Dienst gestellt, manche dienten zum Teil als Ausbildungsobjekte am Boden oder wurden gänzlich verschrottet. Die geplante Aufklärervariante F3H-1P wurde verworfen und die vorgesehene Lizenzfertigung bei der Temco Aircraft Corporation of Dallas gestrichen. Das Debakel mit dem J40-Triebwerk kostete der US-Marine mehrere Millionen Dollar. McDonnell versuchte hingegen mit einer neuen Ausführung F3H-2N sein Image aufzubessern.

Schon Ende 1952 vom Hersteller als Alternative erwogen, sollte die neue Version über das Allison-Triebwerk J71 mit 63,4 kN Nachbrennerschub verfügen. Eine F3H-2N flog erstmals am 23. April 1955, eine erste Serienmaschine folgte im Juni desselben Jahres. Neben dem neuen – auch nicht ganz fehlerfreien – Antrieb gab es eine knapp 18% größere Flügelfläche, vier Unterflügelstationen für Waffen sowie zwei abwerfbare Zusatztanks unter dem Rumpf. Im Bug wurde statt des vorherigen AN/APG-30-Radars das AN/APG-51 eingebaut. Parallel zur F3H-2N wurde die F3H-2M produziert, welche im August

Knapp 400 Exemplare wurden von der Schulversion F9F-8T ausgeliefert, zugleich waren sie die letzten Cougar im aktiven Dienst. Die abgebildeten Maschinen befinden sich auf der USS Independence (CV-62). (Foto: National Museum of Naval Aviation Pensacola)

In dieser Aufnahme ist sehr gut die Konzeption der Cougar, speziell des Tragwerks zu sehen. Die Cougar konnte als erstes im regulären Einsatz befindliches Jagdflugzeug die Sidewinder-Luftkampfrakete verwenden. (Foto: National Museum of Naval Aviation Pensacola)

stärkere J48-P-8. Dazu gehörten auch 60 unbewaffnete Aufklärer F9F-6P mit längerer Bugnase und Kameraausrüstung. Drei mit Luftbetankungsstutzen versehene F9F-6 der Staffel VF-21 schafften am 1. April 1954 als erste Flugzeuge eine Überquerung der USA in weniger als vier Stunden (3h 45min 30s).

Nach der Außerdienststellung gab es Umbauten zu Drohnen F9F-6D, nach Einführung eines einheitlichen Bezeichnungssystems bei den US-Streitkräften ab 1962 DF-9F genannt, des Weiteren zu Drohnenleitflugzeugen F9F-6K (QF-9F) und mit modernerem Equipment zu F9F-6K2 (QF-9G). Die F9F-6 hieß ab 1962 F-9F und die Aufklärer F9F-6P wurden zu RF-9F. Neben den F9F-6 hatte es in kleinerer Stückzahl die F9F-7 (ab 1962 F-9H) gegeben, die ein schwächeres Allison J33-A-16-Triebwerk zum Antrieb besaß. Viele von diesen Maschinen wurden dann später auf das J48 umgerüstet. Im Januar 1954 flog zudem die F9F-8 (ab 1962 F-9J genannt) erstmalig, deren neu entworfene Tragfläche eine um 15% vergrößerte Profiltiefe erhielt. Der Rumpf wurde etwas verlängert, das Tankvolumen wurde erhöht und es kam eine neue Cockpithaube zum Einbau. Die F9F-8 war auch der erste Jäger, der im operationellen Einsatz die Sidewinder-Luftkampfrakete mitführen konnte. Die Trägerqualifikation wurde Ende 1954 an Bord der *USS Midway* durchgeführt, zur gleichen Zeit galt VF-13 in Cecil Field als erste operationelle Einsatzstaffel des Typs. Während der Produktion, die bis 1957 lief, wurde eine Nachtankvorrichtung im Bug installiert. F9F-8B-Umrüstflugzeuge (AF-9J ab 1962) waren nuklearwaffenfähig und konnten taktische Atombomben mittels LABS-Bombenwurfsystem zum Einsatz bringen. Des weiteren gab es den Aufklärer F-9F-8P (RF-8J ab 1962), von dem 110 Stück zwischen August 1955 und Juli 1957 ausgeliefert wurden, ohne Bewaffnung, aber mit sieben Kameras in der vergrößerten Bugnase versehen waren. Wie die F9F-8-Jäger waren auch die Aufklärer mit dem Auftauchen der überschallschnellen »Crusader« schnell veraltet, waren bis Februar 1960 bei den operationellen Einheiten außer Dienst gestellt und wurden dann bis Mitte der 1960er-Jahre in Reserveeinheiten verwendet. Auch 1960 hatte der Serienbau des zweisitzigen Trainers F9F-8T (TF-9J ab 1962) geendet, der den Dienst beim Naval Air Training Command 1957 begonnen hatte. Diese Cougar-Variante verfügte über einen 0,86 m längeren Rumpf für das Tandemcockpit, über strukturelle Verstärkungen und war mit nur zwei Bordkanonen bewaffnet. Vier dieser Trainer wurden von der US Navy 1966/67 über Südvietnam zu Fliegerleitaufgaben herangezogen, die damit die einzigen Einsätze der Cougar in einem Konflikt darstellten. Die letzten TF-9J waren bis Februar 1974 bei der Staffel VT-4 im Dienst. Daneben hatten auch zahlreiche Reservestaffeln des Marine Corps die Cougar geflogen. Piloten schätzten die Eigenschaften der Cougar, insgesamt verließen 1988 Exemplare die Werkhallen. In der zweiten Hälfte der 1950er-Jahre stellte die Cougar das wichtigste trägergestützte Kampfflugzeug der US Navy dar.

Mit dem Lift gelangt diese F9F-8 ins Hangardeck des Trägers. Mit rund 600 Exemplaren stellte sie die Hauptserienversion der Cougar dar. (Foto: National Museum of Naval Aviation Pensacola)

Einsatzstaffeln (Auswahl):
VA-23, 36, 44, 46, 52, 54, 56, 66, 76, 93, 125, 126, 127, 146, 153, 174
VAH-8, 123
VC-61, 62
VF-13, 21, 24, 32, 33, 61, 62, 63, 81, 93, 94, 112, 113, 122, 123, 142, 144, 191, 212
VMA-121, 311, 533
VMF-114
VMFT-10
VMJ-2

Als Luftbildaufklärer leistete die F9F-8P wertvolle Dienste und nahm im Bug die dazu notwendige Kameraausrüstung auf. Aus der Bugspitze ragt ein Luftbetankungsrohr. (Foto: National Museum of Naval Aviation Pensacola)

North American FJ-2 / FJ-3 /FJ-4 Fury

Flugzeugtyp	FJ-4 Fury
Verwendung	Jagd-/Jagdbombenflugzeug
Besatzung	1
Triebwerk	ein Wright J65-W-16A mit 34,26 kN
Spannweite	11,91 m
Länge	11,07 m
Höhe	4,24 m
Flügelfläche	31,46 m²
Leermasse	5992 kg
Startmasse	max. 10.750 kg
Höchstgeschwindigkeit	1094 km/h
Steiggeschwindigkeit	38,9 m/s
Dienstgipfelhöhe	14.265 m
Reichweite	2390 km
Bewaffnung	vier 20-mm-MK Colt Mk12 mit je 144 Schuss sowie bis 1360 kg Bomben, gelenkte und ungelenkte Raketen an sechs Aufhängepunkten

Die ursprüngliche FJ-1 Fury war das erste strahlgetriebene Flugzeug der Firma North American, die aber nur kurzzeitig in der Staffel VF-5A ihren Dienst versah. Der technologische und leistungsbezogene Fortschritt, den inzwischen Pfeilflügel versprachen, war nicht mehr aufzuhalten. North American selbst konnte das mit der F-86 eindrucksvoll unter Beweis stellen, sie stellte den einzig wahren Gegner für die ebenfalls mit Pfeilflügeln ausgestatteten MiG-15 im Koreakrieg dar. Anfang 1951 begann North American mit den Arbeiten an dem Projekt NA-181, einer nach Marineanforderungen modifizierten F-86 und diesmal verwarf die US Navy ihre bisherigen Vorurteile an Pfeilflügelkonstruktionen. Der Entwurf NA-181 basierte auf dem Jäger F-86E, erhielt Katapultgeschirr, einen V-förmigen Fanghaken sowie ein verlängertes Bugradfahrbein, um den Anstellwinkel bei Start und Landung zu erhöhen. Nachfolgend zuerst mit F2J-1 sowie mit Sea Sabre betitelt, entschied sich die Navy schließlich für die Bezeichnung FJ-2 Fury. Nicht ohne politischen Hintergedanken konnte das Flugzeug somit als eine fortschrittliche Weiterentwicklung der früheren FJ-1 Fury dargestellt werden und möglicherweise eher den amerikanischen Kongress zur Bewilligung von Geldern bewegen.

Im März 1951 waren drei Prototypen XFJ-2 bestellt. Der dritte von ihnen war schon mit Bewaffnung in Form von vier 20-mm-Bordkanonen ausgerüstet und begann als erster mit

Mit dem Ausscheiden aus den Trägerkampfgruppen dienten Ende der 1950-Jahre FJ-3D als Drohnenleitflugzeuge in der Guided Missile Group One, kurz GMGRU-1. (Foto: National Museum of Naval Aviation Pensacola)

Das dritte Produktionsexemplar der FJ-3 ist hier während der Trägerqualifikation beim Start von der USS Coral Sea im Sommer 1954 zu sehen. (Foto: National Museum of Naval Aviation Pensacola)

der Flugerprobung am 27. Dezember 1951. Die beiden anderen flogen 1952 und die Trägerqualifikation schloss sich an Bord der *USS Coral Sea* an. Dort zeigten sich einige Schwächen etwa im strukturellen Bereich bei Landemanövern, doch hatte es die US Navy eilig und ließ die Produktion der FJ-2 anlaufen. Die Serien-FJ-2 besaß das Tragwerk der frühen F-86F ohne Vorflügel, allerdings mit Faltmechanismus zur platzsparenden Unterbringung an Bord von Trägerschiffen. Am Tragwerk wurden üblicherweise auch zwei abwerfbare Zusatztanks zur Erhöhung der Einsatzdauer angebracht. Ferner gab es voll bewegliche Höhenflossen, ein verstärktes Fahrwerk oder eine AN/APS-30-Radarantenne in der Spitze des Lufteinlasses. Als Antrieb diente ein General Electric-Triebwerk J47-GE-2 mit 26,7 kN Schub. Jedoch zeigte die Grumman F9F Cougar bessere Leistungen, sodass die 200 gebauten FJ-2 an das US Marine Corps gingen und hauptsächlich landgestützt operierten. Erster Abnehmer war im Januar 1954 die Staffel VMF-122 in Cherry Point, North Carolina, die ihre Maschinen zwischen März und September 1955 als Teil des Trägergeschwaders CVG-17 an Bord der *USS Coral Sea* ins Mittelmeer schickte. Letztlich waren es jeweils drei Marine Corps-Staffeln der Atlantik- sowie der Pazifik-Flotte, die das Flugzeug nutzten, erst ab 1956 kamen Reserveverbände der Navy dazu.

Grenzschichtzäune am Tragflügel der FJ-2 führten zur nächsten Fury-Variante FJ-3. Neu war das Wright-Triebwerk J65 als Lizenzversion des britischen Armstrong Siddeley Sapphire mit einem größeren Lufteinlass zur Leistungssteigerung. Des Weiteren gab es eine Cockpitpanzerung sowie die Möglichkeit zur Montage eines abnehmbaren Luftbetankungsstutzens unter dem linken Tragflügel. Eine umgebaute FJ-2 diente als Prototyp und flog erstmals am 3. Juli 1953, im Dezember desselben Jahres die erste von insgesamt 389 Serienmaschinen. Die US Navy-Staffel VF-173 erhielt als erste die FJ-3, wo der aktive Dienst im September 1954 begann. Am 4. Januar 1955 erfolgte dann die erste Deckslandung an Bord der *USS Bennington*. Schon im gleichen Jahr erhielt das Flugzeug wegen Triebwerksproblemen erstmals Flugverbot. Spätere FJ-3 besaßen einen geänderten Tragflügel mit größerer Flügelfläche und mehr internem Kraftstoff und ein Teil dieser Maschinen verfügte über zwei bis vier Flügelstationen für Außenlasten wie abwerfbare Kraftstoffbehälter, ungelenkte Raketen oder Bomben. Die mit Sidewinder-Lenkraketen bewaffneten und zuerst an VF-211 übergebenen Exemplare wurden mit FJ-3M bezeichnet und sollten die Luftverteidigungsrolle besser ausfüllen.

Schließlich gab es noch einen Folgeauftrag über weitere 149 FJ-3, die bis August 1956 übergeben wurden. Gut 20 Navy- und sechs Marine Corps-Staffeln hatten die FJ-3 in ihrem Bestand, von denen einige zwischen 1957 und 1960 zu Drohnenleitflugzeugen FJ-3D und FJ-3D2 umgerüstet wurden.

Mit der ab Juni 1953 konzipierten FJ-4 entstand eine wirklich neue Version, die sich schon rein äußerlich erheblich von ihren Vorgängern unterschied und nur noch wenig mit der F-86 gemeinsam hatte. Die Pfeilflügel der FJ-4 erhielten eine völlig neue Form, eine größere Spannweite und damit auch eine größere Flügelfläche. Zur besseren Bordunterbringung waren auch hier die Flügelenden, jetzt allerdings weiter außen, nach oben faltbar. Größer, aber dünner fielen die Leitwerke aus, das

Mit noch aufgestellten Tragflächen wird diese FJ-3 im Frühjahr 1957 auf der USS Essex zum Start vorbereitet. Sie gehört zur Jägerstaffel VF-51. (Foto: National Museum of Naval Aviation Pensacola)

Eine FJ-4B steht auf der USS Lexington zum Einsatz bereit. Gut zu sehen die lange Bugradstrebe sowie unter dem linken Flügel der Ausleger zur Luftbetankung. (Foto: National Museum of Naval Aviation Pensacola)

einziehbare, jeweils einfach bereifte Dreipunkt-Bugradfahrwerk erhielt eine größere Spurbreite. Auch der Rumpf des Flugzeugs war um einiges voluminöser, Leer- und Startgewicht hatten sich erhöht. Somit wurde der Antrieb stärker ausgelegt und die Kraftstoffkapazität nahm gegenüber der FJ-3 um über 50 % zu. Spätere Exemplare erhielten zudem eine Luftbetankungssonde zur Vergrößerung der Einsatzdauer. Der Erstflug fand am 28. Oktober 1954 statt und der Serienbau begann ab 1955. Die 152 Serienmaschinen erhielten dann noch eine verstärkte Panzerung am Rumpfbug, wurden in einer (Trainings-)Einheit der US Navy sowie drei der Marines bis März 1957 in Dienst gestellt und von Landbasen aus eingesetzt. Zwischenzeitlich war am 4. Dezember 1956 mit der FJ-4B erstmals eine Jagdbomberausführung geflogen. Sie konnte eine erhöhte Außenlast von bis zu 2720 kg an nunmehr sechs Aufhängepunkten mitführen. Dazu gehörten auch taktische Atombomben Mk7, welche mittels Tiefflugbombenwurfsystem (LABS) im Schleuderwurfverfahren zum Einsatz gebracht werden konnten. Eine andere Bewaffnungsvariante waren bis zu fünf Bullpup-Luft-Boden-Lenkwaffen, an der sechsten Station fand eine dazugehörige Lenkeinrichtung Platz. Die FJ-4B besaß außerdem zwei zusätzliche Luftbremsen am hinteren Rumpfabschnitt, Spoiler für eine bessere Steuerbarkeit bei hohen Geschwindigkeiten und in geringen Flughöhen sowie von Anfang an eine ständig montierte Nachtankvorrichtung unter dem linken Tragflügel. Die Lieferungen der FJ-4B begannen im Juli 1957 und das letzte von insgesamt 222 Exemplaren wurde im Mai des darauf folgenden Jahres übergeben. Ein

Unmittelbar nach der Landung auf der USS Oriskany (CV-34) wird diese FJ-4B zu ihrer Abstellposition gelotst. Die Flügel sind schon hochgeklappt. (Foto: National Museum of Naval Aviation Pensacola)

Dutzend Navy- und Marine Corps-Staffeln flogen das Muster, die erste Einsatzfahrt erfolgte an Bord der *USS Hornet*. Die letzten Operationen fanden 1962 an Bord der *Hancock* statt und als letzte Staffel musterte VA-126 die Fury aus vorderster Linie aus. Danach folgte der Einsatz bei Reserveeinheiten bis Mitte der 1960er-Jahre. Mit der Einführung des einheitlichen Tri-Service-Bezeichnungssystems innerhalb der US-Streitkräfte hieß die FJ-4 ab 1962 F-1E und die FJ-4B AF-1E, der Vorgänger FJ-3 wurde von da ab mit F-1C bezeichnet.
Zwei Maschinen aus der FJ-4-Serie wurden versuchsweise mit einem Rocketdyne AR-1-Raketenmotor am Heck ausgestattet und FJ-4F genannt. Trotz guter Leistungen mit Überschallgeschwindigkeiten von bis zu Mach 1,4 wurde das Programm nach mehreren Testflügen aber nicht weiterverfolgt.
Die 1115 gebauten Fury waren leistungsfähige Flugzeuge, die den letzten Versionen der landgestützten Sabre in nichts nachstanden. Die US-Marine verlegte die Maschinen als Bestandteile ihrer Trägergeschwader an verschiedene Spannungsherde etwa während der Suez-Krise 1956. Zwei Jahre später überführte die Navy Maschinen dieses Typs von Hawaii nach Japan, um bei Bedarf Taiwan militärischen Beistand zu gewähren. Letztendlich führte die Fury aber nie einen Luftkampf mit einem anderen Flugzeug.

Als finale Fury-Version hat die FJ-4B nur noch relativ wenig mit der ursprünglichen F-86 Sabre gemeinsam. Diese Maschine trägt zur Bekämpfung von Bodenzielen funkgesteuerte, 10 km weit reichende AGM-12 Bullpup-Lenkraketen. (Foto: National Museum of Naval Aviation Pensacola)

Einsatzstaffeln (Auswahl):
VA-55, 56, 63, 116, 126, 146, 151, 192, 212, 214, 216
VC-3
VF-21, 24, 33, 51, 53, 61, 62, 73, 84, 91, 94, 111, 121, 142, 143, 153, 154, 173, 174, 191, 214
VMA-212, 214, 223
VMF-122, 232, 235, 251, 312, 333, 334, 451
VU-1, 2, 4, 5, 7, 8, 10

Douglas A-3 Skywarrior

Mit dem Auftrag, die nukleare Abschreckung weltweit zu erfüllen, stützten sich die USA nach 1945 auf die strategischen Bomber der Air Force sowie auf die Flugzeugträger und die Bomber der Marine. Gegen den Widerstand der US-Luftwaffe hielt die Marine eigene Atom-Langstreckenbomber für sehr nützlich und wollte damit Gebiete abdecken, die für die Flugzeuge der Luftwaffe nicht unmittelbar erreichbar waren. Mit den weltweit kreuzenden Flugzeugträgern standen der Marine die entsprechenden Einsatzbasen zur Verfügung.

Bereits 1947 gab es seitens des Bureau of Aeronautics der US Navy eine Anfrage nach einem trägergestützten Langstreckenbomber, welcher von den geplanten »Superträgern« aus eingesetzt werden sollte. Später sollte das Flugzeug möglichst über Strahlantrieb und nicht mehr als 45.300 kg Startgewicht verfügen. Gerade das geforderte Startgewicht rief vielerlei Skepsis hervor, doch wollte das Douglas-Konstruktionsteam dieses noch unterbieten. Damit sollte der Einsatz des Bombers künftig auch von den kleineren Trägern, etwa der 50.000 Tonnen verdrängenden *Midway*-Klasse, möglich sein. Schließlich wurde ganze Arbeit geleistet, die vorgegebene Startmasse allen Zweiflern zum Trotz unterboten und ein Flugzeug mit einer langen und vielseitigen Karriere entworfen. Und es sollte sich auszahlen, dass es auch von kleineren Trägerschiffen aus operieren konnte, denn der Bau des zunächst geplanten Superträgers wurde im April 1949 gestoppt. Douglas gewann die Ausschreibung, zwei Prototypen XA3D-1 sowie ein Bruchzelle für statische Versuche am Boden wurden in Auftrag gegeben. Der erste Prototyp wurde vom Herstellerwerk in El Segundo,

Flugzeugtyp	**A-3B Skywarrior**
Verwendung	Bombenflugzeug
Besatzung	3
Triebwerk	zwei Pratt&Whitney J57-P-10 mit je 55,1 kN
Spannweite	22,10 m
Länge	23,27 m
Höhe	6,95 m
Flügelfläche	75,43 m^2
Leermasse	17.876 kg
Startmasse	max. 37.195 kg
Höchstgeschwindigkeit	995 km/h
Steiggeschwindigkeit	18,3 m/s
Dienstgipfelhöhe	12.500 m
Reichweite	3381 km
Bewaffnung	zwei 20-mm-MK M3 mit je 500 Schuss im Heck sowie bis 3892 kg Bomben, Minen im Rumpfschacht

Eine A3D-1 startet von der USS Shangri-La, während daneben eine weitere A3D-1 startklar gemacht wird. Der Träger läuft große Fahrt voraus, um mit möglichst viel Wind über dem Deck den Start zu erleichtern. (Foto: National Museum of Naval Aviation Pensacola)

Die abgebildete A-3B erhielt von Anfang eine Luftbetankungssonde und außerdem einen Rüstsatz im Bombenschacht, mit dem andere Flugzeuge betankt werden konnten. Ganz klein im Hintergrund erkennt man den Träger mit zwei Begleitschiffen. (Foto: National Museum of Naval Aviation Penacola)

Los Angeles, zur ebenfalls in Kalifornien gelegenen Edwards Air Force Base überführt und absolvierte dort am 28. Oktober 1952 seinen Erstflug. Das Westinghouse-Triebwerk J40 erwies sich bekanntermaßen als mangelhaft und wurde bald durch das stärkere, zuverlässigere, aber auch schwerere J57 von Pratt & Whitney ersetzt, das mit Wassereinspritzung jeweils 51,6 kN Schub leistete. Damit wurde die A3D-1 ab dem 16. September 1953 im Flug erprobt, ab März 1956 begann die Auslieferung der ersten Serienflugzeuge und im Juni die Trägerqualifikationen an Bord der *USS Forrestal*. Die ersten A3D-1 (ab 1962 A-3A genannt) gingen an die auf der NAS Jacksonville, Florida, beheimatete Staffel VAH-1. Die erste Stationierung dieser Einheit erfolgte auf der *USS Forrestal* und eine erste Einsatzfahrt auf diesem Schiff schloss sich 1957 ins Mittelmeer an. Noch im September des gleichen Jahres nahm VAH-1 mit ihren A3D-1 und stationiert auf der *USS Forrestal* an NATO-Manövern im Nordatlantik teil.

Mehrere in rekordverdächtiger Zeit unternommene Demonstrationsflüge unterstrichen die Leistungsfähigkeit des Bombers. Sie führten zum Teil quer über die USA, von Hawaii nach New Mexiko oder von Los Angeles nach New York. Der Produktionsumfang der A3D-1 betrug 49 Flugzeuge, die hauptsächlich dazu dienten, das Konzept eines trägergestützten, strahlgetriebenen Langstreckenbombers zur Einsatzreife zu bringen. Eine einzelne Maschine wurde zum Fotoaufklärer A3D-1P (NRA-3A ab 1962) umgebaut, fünf andere zu Elektronikaufklärern A3D-1Q (EA-3A). Diese nahmen vier zusätzliche ECM-Operateure im vormaligen Bombenschacht auf. Zur definitiven Produktionsvariante entwickelte sich die A3D-2 (A-3B), welche im Juni 1956 erstmals flog, 1957 in Serie ging und als erstes bei der Staffel VAH-2 ihren Dienst antrat. Sie wurde mit stärkeren, jeweils 55 kN Schub leistenden J57-P-10-Triebwerken und einer verstärkten Zelle ausgestattet, der Bombenschacht zur Aufnahme einer größeren Waffenlast modifiziert. Im August 1959 startete eine A3D-2 mit 38.102 kg Abfluggewicht als schwerstes Flugzeug von einem Flugzeugträger, der *USS Independence*. Masse und Größe der A3D führten auch zu dem Spitznamen »Whale« (Wal). Einige der A3D-2 erhielten am Rumpfbug eine Luftbetankungssonde sowie eine größere Flügelfläche. Für Operationen von Landbasen aus konnte ein Bremsschirm zur Verkürzung der Landestrecke benutzt werden, wohingegen Raketentreibsätze den Start unterstützen.

Die letzten A3D-2 verfügten über ein moderneres Bombenzielsystem AN/ASB-7, die Abwehrkanonen im Heck wurden durch Täuschkörperwerfer ersetzt. Manche der Bomber konnten auch als Tankflugzeuge fungieren und wurden entsprechend ausgerüstet. Auf den Flugzeugträgern der *Midway*-Klasse wurden im Einsatz neun A-3 stationiert, größere Träger nahmen bis zu zwölf dieser Bomber auf. Üblicherweise standen zwei davon mit Atombomben bewaffnet auf dem Flugdeck bereit und konnten innerhalb kurzer Zeit zum Einsatz gebracht

Die Skywarrior war das schwerste bordgestützte Einsatzflugzeug der US Navy und beanspruchte einigen Platz an Deck wie hier auf der USS Coral Sea. An der vorderen Maschine sind die Wartungsklappen des J57-Triebwerks geöffnet. (Foto: National Museum of Naval Aviation Pensacola)

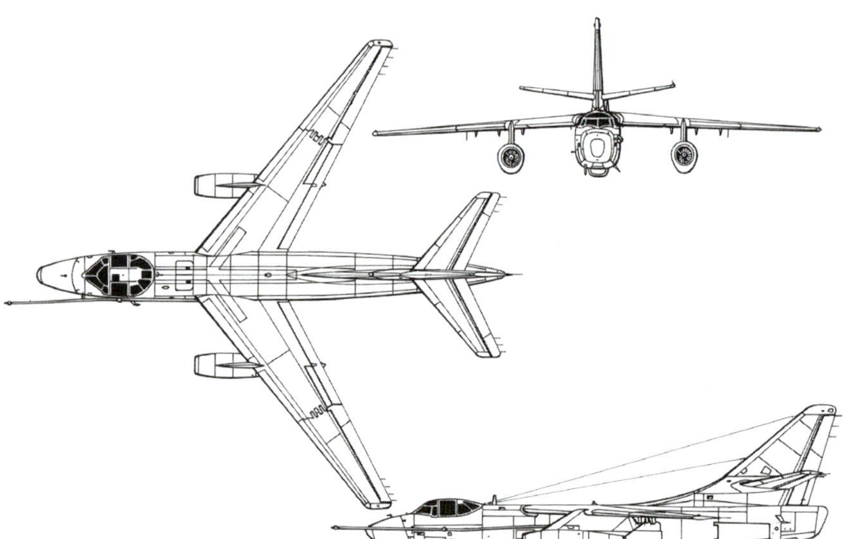

Dreiseitenriss EA-3B Skywarrior (Zeichnung: Manfred Meyer)

werden. Insgesamt zwölf Angriffsstaffeln der US Navy plus zwei Trainingseinheiten flogen die A-3 und VAH-2, -4 und -10 setzten sie in begrenztem Umfang 1964/66 zu konventionellen Bombeneinsätzen über Vietnam ein. Immerhin waren es für VAH-2 allein 1965 mehr als 1000 Einsätze, bei denen über 180 Tonnen Freifallbomben abgeworfen wurden. An Bord von Flugzeugträgern absolvierten A-3-Bomber über 15 Einsatzfahrten zum südostasiatischen Kriegsschauplatz.

Durch die Verlagerung der nuklearen Angriffsrolle auf U-Boot-gestützte Raketen fielen den A-3 ab den 1960er-Jahren nun primär andere Aufgaben zu, einschließlich dem Einsatz über Vietnam. So wurden 85 A-3B ab 1967 zu Tankern KA-3B und wiederum 34 davon zu EKA-3B in der Doppelrolle als elektronisches Störflugzeug/Tanker umgebaut. Als weitere Ableitungen waren die zum Trainieren von Bombenschützen und Navigatoren gedachte Übungsversion TA-3B in zwölf, der elektronische Aufklärer EA-3B in 24 sowie der Fotoaufklärer RA-3B in 30 Exemplaren als Neubauten entstanden. Diese Varianten waren erstmals Ende der 1950er-Jahre geflogen und manche von ihnen, wie etwa die RA-3B der Einheiten VAP-61 und VAP-62 sowie die EA-3B der Staffel VQ-1, absolvierten wichtige Einsätze während des Vietnamkriegs. Selbiges traf auch auf die Skywarrior-Tanker mit ihrer Spezialausrüstung zu. Es kam aber auch zu einigen Verlusten – allein vier RA-3B der Staffel VAP-61 wurden abgeschossen. Acht RA-3B wurden zu elektronischen Störflugzeugen ERA-3B in der »Aggressorrolle« umgerüstet, andere Maschinen zu Testzwecken benutzt. Manche der mit Fenstern am Rumpf versehenen Trainer TA-3B flogen in der VIP-Rolle und wurden dafür mit zusätzlichen Sitzen ausgestattet. EKA-3B der Staffel VAQ-208 hingegen führten nicht nur Missionen zur Luftbetankung durch, auf den Trägern *USS Constellation* und *Enterprise* übernahmen sie 1972 auch Carrier-on-Board-Delivery (Bordversorgung).

Die elektronischen Aufklärer EA-3B der in Rota, Spanien, stationierten Staffel VQ-2 leisteten über viele Jahre wertvolle Dienste, letztmalig bei der Operation »Desert Storm« im Golfkrieg 1991. Dabei versorgten sie die im Roten Meer kreuzenden US-Flugzeugträger mit wichtigen Informationen und absolvierten rund 100 Einsätze. Noch im Oktober desselben Jahres war die Ausmusterung der letzten Einsatzexemplare bei der US Navy vollzogen, die Firma Raytheon nutzte für weitere Jahre mehrere Skywarrior zu Testzwecken. Die letzte Serienmaschine war Anfang 1960 gebaut worden. Insgesamt entstanden 283 Skywarrior.

Einsatzstaffeln (Auswahl):
VAH-1, 2, 3, 4, 5, 6, 7, 8, 9, 10, 11, 13, 123
VAK-208, 308
VAP-61, 62
VAQ-33, 34, 129, 130, 131, 132, 133
VQ-1, 2

Eine EA-3B beim Start von der USS Kitty Hawk. Die EA-3B diente als elektronischer Aufklärer und entstand durch Umbau ehemaliger Bomber. (Foto: US DoD)

Als elektronisches Störflugzeug kam die Variante ERA-3B zum Einsatz. Zahlreiche Umbauten am Rumpf, Störbehälter unter dem Tragwerk oder verschiedene Antennenverkleidungen deuten auf die Spezialausrüstung hin. (Foto: National Museum of Naval Aviation Pensacola)

Grumman S-2 Tracker

Die US Navy setzte nach 1945 zur bordgestützten U-Boot-Abwehr Flugzeuge ein, die zu zweit im so genannten »Hunter/Killer«-Team operierten. Dabei war eine Maschine zur U-Boot-Suche, die andere zum Bekämpfen ausgelegt. Dieses Vorgehen hatte aber auch Nachteile und so sollte der Grumman-Entwurf G-89 beide Fähigkeiten in einem Flugzeug vereinen. Für diese Aufgaben integrierte Grumman das ausfahrbare AN/APS-33-Suchradar, den im Heck befindlichen ASQ-8-Ausleger zum Aufspüren magnetischer Anomalien, einen Suchscheinwerfer am rechten Flügel, ein »Schnüffelgerät« zum Aufspüren von Dieselabgasen sowie ECM-Systeme. Ergänzend gab es abwerfbare Sonarbojen im hinteren Teil der Motorengondeln sowie einen internen Waffenschacht und externe Stationen zur Aufnahme entsprechender Kampfmittel. Hierzu zählten z.B. verschiedene Typen von Minen und Torpedos, ungelenkte 127-mm-Raketen und Wasserbomben einschließlich der atomaren Mk57. Für den Einsatz an Bord von Trägern fanden hydraulisch faltbare Tragflächen, ein Fanghaken und ein robustes Fahrwerk Verwendung. Zum Antrieb dienten zwei Neunzylinder-Sternmotoren.
Als Gewinner einer entsprechenden Ausschreibung erhielt Grumman im Juni 1950 den Auftrag zur Konstruktion zweier Prototypen XS2F-1, anfangs auch mit Sentinel bezeichnet.

Flugzeugtyp	**S2F-3S (S-2E) Tracker**
Verwendung	U-Boot-Jagdflugzeug
Besatzung	4
Triebwerk	zwei Wright R-1820-82WA Cyclone 9 mit je 1137 kW
Spannweite	22,12 m
Länge	13,26 m
Höhe	5,05 m
Flügelfläche	46,08 m²
Leermasse	8505 kg
Startmasse	max. 13.222 kg
Höchstgeschwindigkeit	426 km/h
Steiggeschwindigkeit	9 m/s
Dienstgipfelhöhe	7010 m
Reichweite	2092 km
Bewaffnung	bis 2182 kg Bomben, Minen, Torpedos, Raketen im Rumpfschacht sowie an sechs Aufhängepunkten

Noch mit dunkelblauer Lackierung gehören diese beiden frühen S2F-1 zur U-Boot-Jagdstaffel VS-32 und sind 1955 Teil der Trägerkampfgruppe auf der USS Leyte (CV-32), einem Schiff der Essex-Klasse. (Foto: National Museum of Naval Aviation Pensacola)

Der Erstflug fand am 4. Dezember 1952 statt und diese Maschine wurde in den folgenden Jahren vom Hersteller zur Fortentwicklung genutzt. Des Weiteren dienten neben dem 1953 übergebenen zweiten Prototypen die insgesamt 15 gelieferten Vorserienexemplare YS2F-1 dem Austesten von Einsatzverfahren bei der Erprobungsstaffel VX-1 in Key West, Florida sowie ab dem zweiten Halbjahr 1953 verschiedenen Qualifikationen an Bord der Träger *USS Mindoro* und *Coral Sea*.
Erste operationelle Einsatzstaffel der S2F-1 wurde die Einheit VS-26, die ihre ersten Maschinen im Februar 1954 auf der NAS Norfolk, Virginia, bezog und ab Juni auch erstmals von einem Träger, in diesem Falle der *USS Hancock*, startete. Bis Jahresende erfolgte zudem die erste Einsatzfahrt, nun mit dem Verband VS-23 und an Bord der *USS Princeton*.
Die S2F-1 (ab 1962 mit S-2A bezeichnet) erhielt offiziell den Beinamen Tracker und im Laufe der Hunderte Exemplare umfassenden Produktion einige Modifikationen. Neue Systemkomponenten wie die Geräte »Jezebel« zur akustischen Suche und »Julie« zur Echoortung bzw. als passives und aktives Sonar zeichneten die S2F-1S (S-2B ab 1962) aus. Später nochmals modernisierte Flugzeuge hießen S2F-1S2 bzw. S-2F ab 1962 und verfügten hauptsächlich im Elektronikbereich über eine verbesserte Ausstattung inklusive des Suchradars AN/

Eine Tracker auf dem Deckslift der USS Wasp. Am rechten Flügel ist der Suchscheinwerfer zu sehen. Gut erkennt man auch die Platzersparnis durch die geschickte Klappkonstruktion der Tragflächen. (Foto: National Museum of Naval Aviation Pensacola)

APS-38. Die Kraftstoffkapazität wurde mehrmals erhöht und vergrößerte den Einsatzradius. Mit dem Ausbau der Missionsausrüstung und der Installation einer Doppelsteuerung wurden über 200 Exemplare zu Schul- und Übungsflugzeugen S2F-1T (TS-2A) und wiederum mindestens 60 andere Maschinen dienten als S2F-1U (US-2A) im Mehrzweckbereich.

Die Entwicklung blieb nicht stehen und generierte weitere Baureihen zur U-Boot-Jagd. Im Februar 1954 flog die S2F-2 (S-2C) mit größerem Waffenschacht erstmals. Dieser konnte die atomare Wasserbombe Mk90 mit 10 kT Sprengkraft aufnehmen. Bei den meisten S-2C entfernte man allerdings später die Einsatzausrüstung wieder und nutzte sie in der Mehrzweckrolle als S2F-2U (US-2C). Ein Einzelexemplar diente unter der Bezeichnung S2F-2P (RS-2C) als Aufklärer mit sechs Luftbildkameras.

Als nächstes entstand die S2F-3 (S-2D), die im Mai 1959 erstmals flog und ab 1961 ihren Dienst versah. Sie erhielt eine um 0,89 m vergrößerte Spannweite, einen um 0,46 m verlängerten Vorderrumpf und neu gestaltete Motorengondeln. Auch die Ausstattung war neu. Dazu zählten das AN/APS-88A-Radar mit größerer Reichweite, ein ASQ-10-MAD-Ausleger und das AN/ALD-2B-System für elektronische Gegenmaßnahmen. Außerdem verdoppelte sich die Anzahl der Sonarbojen auf 32 und die Kraftstoffkapazität stieg an. Auch hier wurden wieder einige Maschinen als Mehrzweckflugzeuge US-2D sowie für elektronische Maßnahmen zu ES-2D umgerüstet. In der Produktion schloss sich die Ausführung S-2E an, welche ein neues Navigationssystem erhielt und bis Ende 1967 an die US Navy geliefert wurde. Insgesamt 49 dieser Flugzeuge wurden später mit neuer Ausstattung zur U-Boot-Suche und -Bekämpfung aufgewertet, konnten die AGM-12B Bullpup-Lenkwaffe einsetzen und trugen die Bezeichnung S-2G.

Die Tracker diente bei mehr als 20 US Navy-Einheiten als Patrouillenflugzeug und U-Boot-Jäger, weitere Staffeln nutzten das Muster zur Aufklärung, zu ECM- und Transportaufgaben sowie als Zielschlepper. Bis in die 1970er-Jahre war es wichtigstes bordgestütztes U-Boot-Jagdflugzeug und kam von Flugzeugträgern verschiedener Klassen aus zum Einsatz. Hauptsächlich waren es Schiffe der *Essex-* und *Ticonderoga*-Klasse, die als U-Boot-Jagd-Flugzeugträger (CVS) fungierten und die Tracker als Antisubmarine Warfare Carrier Air Groups (CVSG) in bis zu zwölf Staffeln der Atlantik-Flotte sowie bis zu acht der Pazifik-Flotte aufnahmen. In ihrer langwierigen Karriere bei der US Navy absolvierten diese Flugzeuge dabei annähernd 750.000 Trägerlandungen und konnten rund sieben Millionen Flugstunden aufweisen. Sie kamen an verschiedenen Konfliktherden wie etwa während der Kubakrise oder dem Vietnamkrieg zum Einsatz. Bei letzterem fürchtete man den Einsatz chinesischer U-Boote, den es abzuwehren galt. Ferner wurde bei der Rettung abgeschossener Flugzeugbesatzungen assistiert sowie kleinere gegnerische Schiffseinheiten mit ungelenkten Raketen bekämpft. Acht Tracker-Staffeln absolvierten bis 1969 insgesamt 13 Einsatzfahrten im Golf von Tonkin. Nur eine zur Staffel VS-35 auf der *USS Hornet* gehörende S-2D wurde im Januar 1966 abgeschossen. Neben drei Unfällen mit S-2E war dies der einzige Tracker-Verlust im Vietnamkrieg, das Flugzeug galt als sehr sicher. Ab Anfang der 1970er-Jahre wurden die Tracker-Einheiten verringert, die letzte Einsatzfahrt fand 1975 an Bord der *USS Kitty Hawk* statt. Bei der US Navy endete der operationelle Einsatz der Tracker nach mehr als 22 Jahren im August 1976, als die Staffel VS-37 ihre letzte S-2G außer Dienst stellte. Auch die Reserveverbän-

Start frei! Die Sternmotoren laufen auf Volllast. Über dem Cockpit dieser Tracker gut zu erkennen die AN/APA-69-Radarantenne. (Foto: US Navy)

de der US-Marine deaktivierten ihre Tracker 1976, einige Trainer TS-2A wurden noch bis Anfang 1979 bei der Einheit VT-28 geflogen und die letzte ES-2D erst 1986 ausgemustert. Sie hatte zum Schluss Testzwecken bei der Pacific Missile Range Facility in Barking Sands auf Hawaii gedient.
Insgesamt fertigte Grumman 1186 Tracker unterschiedlicher Versionen, weitere 100 Stück stellte die kanadische DeHavilland of Canada als CS2F in Lizenz her.

Einsatzstaffeln (Auswahl):
VS-20, 21, 22, 23, 24, 25, 26, 27, 28, 29, 30, 31, 32, 33, 34, 35, 36, 37, 38, 39
VT-27, 28, 31

Ende der 1960er-Jahre gehörten diese beiden S-2E zur U-Boot-Jagdstaffel VS-29. Unter dem Seitenleitwerk befindet sich ein ausfahrbarer Detektor zur Erfassung magnetischer Anomalien (MAD), Sonarbojen und Bewaffnung sind intern untergebracht. (Foto: National Museum of Naval Aviation Pensacola)

Lockheed T-1 Seastar

Lockheeds Jettrainer T-33 als Ableger des Kampfflugzeugs F-80 Shooting Star gehört zu den erfolgreichsten Militärjets überhaupt, stand mehr als ein halbes Jahrhundert im Dienst und wurde von über 30 Ländern geflogen. Die Gesamtzahl aller T-33 in unterschiedlichen Versionen und inklusive Lizenzbauten beläuft sich auf stattliche 6557 Exemplare, eine Stückzahl die heutzutage kaum noch erreichbar sein dürfte.

Anfangs mit TP-80C, dann mit TF-80C und schließlich mit T-33 bezeichnet, begann die Flugerprobung des Trainers am 22. März 1948 und noch im selben Jahr gelangten die ersten Serienmaschinen zur US Air Force, dem nachfolgend größten Abnehmer. Die US Navy beschaffte mehrere Hundert Exemplare unter der Bezeichnung TO-2 bzw. TV-2, ab 1962 in T-33B umbenannt. Diese Flugzeuge wurden landgestützt eingesetzt, zusätzlich wurde aber auch eine Version als T2V-1 Seastar für den Flugzeugträgerbetrieb entwickelt. Letztendlich war damit ein beinah völlig neues Flugzeug entstanden, das nur noch zu 20% mit der T-33 übereinstimmte. Die Seastar geriet etwas schwerer, erhielt eine geänderte Flugzeugzelle, modifizierte

Flugzeugtyp	**T-1A Seastar**
Verwendung	Schulflugzeug
Besatzung	2
Triebwerk	ein Allison J33-A-24 mit 27,13 kN
Spannweite	12,84 m
Länge	11,82 m
Höhe	3,69 m
Flügelfläche	21,64 m²
Leermasse	4919 kg
Startmasse	max. 7529 kg
Höchstgeschwindigkeit	930 km/h
Steiggeschwindigkeit	23 m/s
Dienstgipfelhöhe	12.100 m
Reichweite	1565 km

Das Kürzel NATC (Naval Air Test Center) auf der Seitenflosse deutet auf den Erprobungscharakter dieser Seastar hin. Sie absolviert Trägerqualifikationen an Bord der USS Antietam (CV-36) im Jahr 1957. (Foto: National Museum of Naval Aviation Pensacola)

Die T2V-1 Seastar stellte die trägertaugliche Weiterentwicklung der T-33 T-Bird dar. Die Konstruktion wich schon äußerlich erheblich vom Grundmuster ab. (Foto: National Museum of Naval Aviation Pensacola)

Tragflächen und Ruder sowie einsatzspezifisch einen Fanghaken unter dem Heck. Der Rumpfrücken wurde auffällig vergrößert, der hintere Sitz des Fluglehrers für eine bessere Sicht bei Trägerlandungen leicht erhöht. Zudem wurden ein leistungsstärkeres Triebwerk und ein verstärktes Fahrwerk verwendet. Die Seastar flog am 16. Dezember 1953 zum ersten Mal und wurde ab dem Folgejahr in Serie gebaut. Ab Oktober 1956 wurden Trägerstarts- und Landungen im Trainingszentrum Patuxent River, Maryland, simuliert und ab dem Folgejahr Trägerqualifikationen an Bord der *USS Antietam* und *Saratoga* durchgeführt. Lockheed lieferte insgesamt 150 T2V-1 an die US Navy, deren Typenbezeichnung sich 1962 in T-1A änderte. Die meisten kamen zunächst in der Basic Training Group 9 sowie der Trainingsstaffel VT-10 und hauptsächlich von Pensacola, Florida aus zum Einsatz, wurden innerhalb von Trägerqualifikationen aber schon bald durch die effizientere T-2 Buckeye ersetzt. Viele Seastar fanden nachfolgend den Weg zu verschiedenen Naval Air Stations innerhalb der USA und wurden bis Ende der 1960er-Jahre zum Navigationstraining genutzt. Die letzten Exemplare wurden 1970/71 endgültig außer Dienst gestellt.

Einsatzstaffeln (Auswahl):
BTG-9, VT-10, MARS-37

Douglas A-4 Skyhawk

Nach 1945 setzte sich der Strahlantrieb durch und der sollte auch den künftigen Nachfolger der A-1 Skyraider antreiben. Ein Ablösemuster wurde 1951 gefordert, das Douglas-Konstruktionsteam unter Edward Heinemann versuchte sich daraufhin an einem Flugzeug in Leichtbauweise. Es erhielt ein Strahltreibwerk, das die Lizenzausgabe des britischen Sapphire als J65 mit 34,2 kN Schub darstellte, zudem eine simple Ausstattung und viele Elemente, die gewichtseinsparend aus einem Stück gefertigt wurden. Beim deltaartigen Tragflügel verzichtete man aufgrund seiner geringen Spannweite auf den für den Flugzeugträgerbetrieb typischen Faltmechanismus. Das Fahrwerk erhielt eine große Bodenfreiheit, was die Bestückung mit großkalibrigen Bomben inklusive der atomaren Mk7 erleichtern sollte, der vorgesehene Douglas-Schleudersitz wog weniger als vergleichbare Modelle jener Zeit. Das Gesamtkonzept überzeugte letztlich und zog Bestellungen über Prototypen und Vorserienmaschinen nach sich. Ein erster Prototyp nahm die Flugerprobung am 22. Juni 1954 auf, im Folgejahr begannen die Trägerqualifikationen auf der *USS Ticonderoga*. Ebenfalls 1955 stellte eine frühe Skyhawk auf einer geschlossenen 500-km-Kreisbahn einen Geschwindigkeitsrekord mit 1118,6 km/h auf.
Auf der NAS Oceana, Virginia, wurde VA-72 die erste Einsatzstaffel und erhielt die ersten Serienmaschinen A4D-1 (1962 in A-4A umbenannt) im Oktober 1956. Schon ab Januar des nächsten Jahres stellte auch das US Marine Corps ihre ers-

Flugzeugtyp	**A-4M Skyhawk II**
Verwendung	Jagdbombenflugzeug
Besatzung	1
Triebwerk	ein Pratt & Whitney J52-P-408A mit 49,8 kN
Spannweite	8,38 m
Länge	12,29 m
Höhe	4,57 m
Flügelfläche	24,15 m²
Leermasse	4808 kg
Startmasse	max. 11.113 kg
Höchstgeschwindigkeit	1078 km/h
Steiggeschwindigkeit	52 m/s
Dienstgipfelhöhe	12.200 m
Reichweite	1850 km
Bewaffnung	zwei 20-mm-MK Colt Mk12 mit je 100 Schuss sowie bis 4153 kg Bomben, Raketen- und Kanonenbehälter, gelenkte und ungelenkte Luft-Luft- und Luft-Boden-Raketen an fünf Aufhängepunkten

Startfreigabe für eine A-4B durch den Katapultoffizier. Ihre kompakte Größe sowie das »sportliche« Handling brachten der A-4 den Spitznamen »Scooter« (Flitzer) ein. (Foto: National Museum of Naval Aviation Pensacola)

Hochbetrieb auf der USS John F. Kennedy (CV-67). Eine Skyhawk steht zum Start bereit und trägt große Zusatztanks unter den Flügeln. (Foto: National Museum of Naval Aviation Pensacola)

Zweite Serienversion der Skyhawk war die A-4B mit über 500 gebauten Exemplaren, interessant an dieser Maschine ist die Doppelmarkierung Navy/Marines. (Foto: National Museum of Naval Aviation Pensacola)

Die A-4F zeichnet sich durch eine Vergrößerung des Rumpfrückens, dem sogenannten »Kamelhöcker« aus, die Spitze des Seitenleitwerks nahm einen ALR-45-Radarwarnempfänger auf. (Foto: National Museum of Naval Aviation Pensacola)

ten Maschinen in Dienst, zuerst bei der Staffel VMA-224. Auch 1957 gab es die erste Einsatzfahrt mit der Skyhawk-Staffel VA-93 an Bord der *USS Ticonderoga*. Allein mit der ersten Serienversion, die in einer Größenordnung von 165 Exemplaren hergestellt wurde, erfolgte die Ausrüstung von insgesamt 18 Einheiten von US-Marine und Marine Corps. Bereits ab September 1957 wurde die A4D-2 (ab 1962 mit A-4B bezeichnet) ausgeliefert, die unter anderem Verstärkungen am hinteren Rumpfabschnitt, neue Ruder und eine Luftbetankungsanlage erhielt. Die ab 1960 einsatzbereite A4D-2N (A-4C ab 1962) ver-

Nur wenige doppelsitzige EA-4F, hier in Begleitung eines KA-3B-Tankers, dienten in der Staffel VAQ-33 dem Training elektronischer Kampfführung. (Foto: National Museum of Naval Aviation Pensacola)

fügte dank des Westinghouse-Radars AN/APG-53 über eine gewisse Allwetterfähigkeit sowie über ein LABS-Bombenwurfsystem (Low Altitude Bombing System) für den Schleuderwurf von Atombomben. Das Cockpit wurde überarbeitet und ein verbesserter Schleudersitz eingebaut. Jahre später wurden 100 A-4C zu A-4L mit stärkerem Antrieb und verbesserter Avionik aufgewertet, welche erstmals im August 1969 flog und ausschließlich von Reserveeinheiten genutzt wurde.

Nachdem die Variante A4D-3 sowie die mit völlig neuem Pfeilflügeltragwerk vorgeschlagene A4D-4 keine reale Gestalt annahmen, flog im Juli 1961 der Prototyp der weiterentwickelten Baureihe A4D-5 zum ersten Mal und wurde ab Ende 1962 in Serie gebaut. Inzwischen als A-4E bezeichnet, verfügte sie über ein neues, 37,8 kN starkes und auch wirtschaftlicheres Pratt & Whitney-Triebwerk J52-P-6A. Dies machte aber auch eine Umgestaltung von Rumpf und Lufteinlässen erforderlich, die längere Bugnase nahm den AN/ASN-19A-Navigationscomputer auf. Die bisherige Ausstattung mit drei Außenlastträgern hatte die Aufnahme von Waffen limitiert, gerade wenn noch Zusatztanks mitgeführt wurden, sodass die Anzahl der Stationen auf fünf erhöht wurde und damit auch eine größere Waffenlast möglich war. Im August 1966 hatte die A-4F ihren Erstflug, welche mit aerodynamischen Verfeinerungen inklusive Flügelspoilern und einem modifizierten J52-Antrieb mit 41,3 kN Schub sowie mit einer buckelartige Rumpfverkleidung hinter dem Cockpit ausgestattet wurde. Letztere, auch als »Kamelhöcker« bezeichnete Rumpfverkleidung diente der Aufnahme von Avionik, welche im Laufe der Dienstzeit erweitert und durch einen ALR-45-Radarwarnempfänger in der Spitze der Seitenflosse ergänzt wurde.

Die ersten Serienexemplare der A-4F gingen gleich an die Staffeln VA-23 und VA-93, welche gerade in den Vietnamkrieg involviert waren. Sie unterstützten dort frühere Serienmodelle der Skyhawk, welche mit zu den ersten Kampfflugzeugen gehörten, die offiziell in den Konflikt in Südostasien eingriffen. Bereits am 4. August 1964 flogen rund 30 A-4C und A-4E von Bord der *Constellation* und *Ticonderoga* ihre ersten Einsätze auf nordvietnamesische Ziele und attackierten gegnerische Marineeinheiten. In den folgenden Jahren führten A-4 der US Navy und Marine Corps von Flugzeugträgern und Landbasen aus viele weitere Angriffe auf verschiedene Ziele in Vietnam durch, fungierten auch als Tanker oder Geleitschutzflugzeuge für Schiffe der eigenen Verbände. Hierbei hatten die Skyhawks der Marines großen Anteil, allein VMA-311 flog während des Konflikts über 54.000 Kampfeinsätze, andere starteten von Trägern wie der *USS Yorktown* oder *USS Hornet* zu ihren Missionen. 34 verschiedene Staffeln von Marine und Marine Corps absolvierten insgesamt 62 Einsatzfahrten an Bord von 17 Trägerschiffen während des Vietnamkriegs, erlitten während der Einsätze in Südostasien aber auch hohe Verluste – die höchsten der US-Marinefliegerkräfte überhaupt. Insgesamt gingen 195 A-4 im Einsatz sowie 77 durch Unfälle bei der US Navy verloren. Bei den Marines waren es 70 Verluste und 31 Unfälle. Für Aufsehen sorgte am 1. Mai 1967 eine A-4C, die mit ihren ungelenkten »Zuni«-Luft-Boden-Raketen eine nordvietnamesische MiG-17 in der Luft abschoss. Die A-4 verblieben bis 1974 in Indochina im Einsatz, zuletzt an Bord der *USS Hancock*.

Schon zu Entwicklungsbeginn hatte Douglas eine zweisitzige Trainervariante angeregt, welche von der US Navy schließlich 1964 bewilligt und ein Jahr später zum Erstflug gebracht wurde. Zunächst baute man die beiden letzten A-4E zu TA-4E-Doppelsitzern um und die Bezeichnung änderte sich in TA-4F. Im Mai 1966 nahmen die ersten Serienexemplare ihren Dienst beim Verband VA-125 auf, konnten bei Bedarf auch für Kampfeinsätze benutzt werden. Neben der Pilotenschulung erfüllten TA-4F auch Fliegerleitaufgaben beim Marine Corps. 23 wurden speziell dafür zu OA-4M umgerüstet, vier andere Maschinen dienten als EA-4F dem ECM-Training in der Staffel VAQ-33. Viele der TA-4F wurden später zu TA-4J-Trainern modifiziert und standen ab Mitte 1969 im Dienst. Mit über 11.000 amerikanischen Piloten, die auf diesen Trainern ihre Trägerqualifikation abschlossen, genossen die zweisitzigen Skyhawk-Modelle einen hohen Stellenwert.

Des Öfteren mit Skyhawk II betitelt, war mit der A-4M eine leistungsfähigere Angriffsversion entstanden, die über eine überarbeitete Flugzeugzelle mit neuer, größerer Cockpithaube verfügte. Außerdem erhielt diese Variante im Laufe der Produktion noch ein Head-up-Display, ein Bombenwurfsystem für laser- und TV-markierte Ziele, Störsender und weitere Systeme, die

Die Skyhawk-Trainer genossen einen hohen Stellenwert. TA-4J wie hier auf der USS Lexington, dienten der Trägerqualifikation und flogen bis 1999. (Foto: National Museum of Naval Aviation Pensacola)

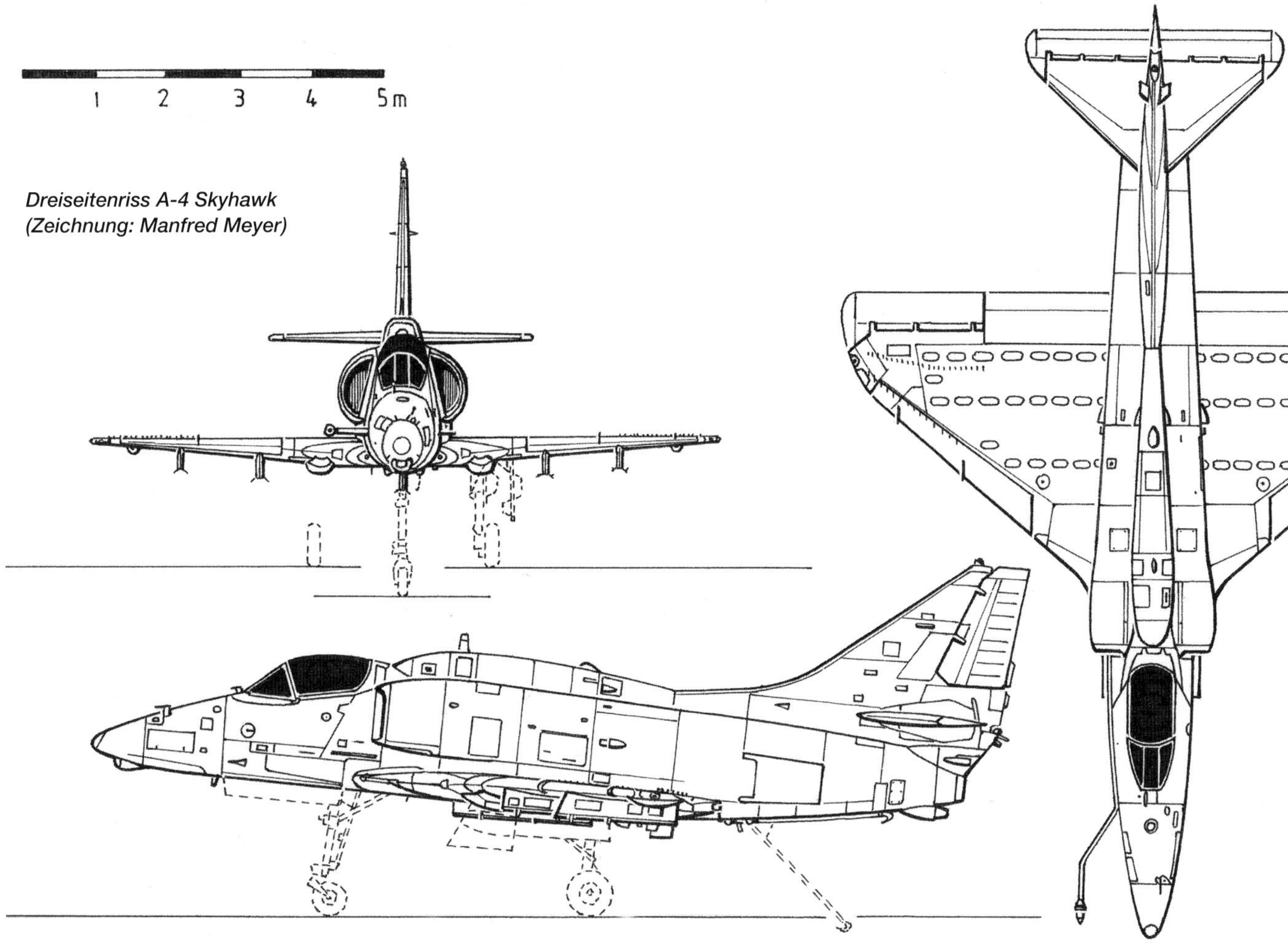

Dreiseitenriss A-4 Skyhawk (Zeichnung: Manfred Meyer)

den Einsatzwert erhöhten. Ein stärkeres Triebwerk ermöglichte höhere Leistungen und eine höhere Waffenlast. Die A-4M war am 10. April 1970 erstmalig geflogen und wurde offiziell im Februar des darauf folgenden Jahres von McDonnell Douglas (nach der Fusion 1967) ausgeliefert. Genau acht Jahre später erfolgte 1979 die Lieferung der letzten A-4M, die zugleich die Serienherstellung aller Skyhawks nach beachtlichen 2960 Exemplaren beendete. Die A-4M wurde speziell für das US Marine Corps gebaut, wo sie bis 1990 im operationellen Einsatz stand. Bis 1994 flog sie noch im Reservestatus, mit der Außerdienststellung bei VMA-131 in Willow Groove, Pennsylvania endete dann der Dienst der A-4-Angriffsversion bei den US-Streitkräften. Einige Zeit länger versahen die zweisitzigen Schulflugzeuge ihren Dienst, VT-7 musterte als letzte Staffel des US Naval Training Commands die TA-4J im Jahre 1999 offiziell aus. Bis April 2003 flogen aber noch einige Skyhawks bei der Navy-Einheit VC-8 zu Übungszwecken und dem Waffentraining, wurden für simulierte Luftkämpfe in der »Aggressorrolle« genutzt.

Die A-4 war ein sehr erfolgreiches Muster, das inklusive Trainings- und Reserveeinheiten in annähernd 80 Navy- sowie rund 30 Marines-Staffeln flog. Verschiedene scherzhafte Beinamen wie beispielsweise »Scooter«, »Bantam-Bomber« oder »Heinemanns Hot Rod« waren weit verbreitet und entstanden in Anlehnung an die geringe Größe, die Flugeigenschaften sowie das Gewicht- und Leistungsverhältnis der A-4.

Einsatzstaffeln (Auswahl):
VA-15, 16, 25, 35, 42, 44, 45, 52, 55, 65, 75, 85, 94, 95, 104, 105, 114, 115, 135, 145, 152, 154, 155, 165, 174, 175, 176, 194, 195, 196, 215, 260
VMA-121, 211, 212, 225, 251, 311, 324, 331, 332, 333
VMAT-20
VMCJ-1, 2, 3
VMF-143, 216, 222, 231, 251, 321, 343, 541
VT-7, 22, 30, 86

Grumman F-11 Tiger

Anfang der 1950er-Jahre sorgte eine weitere »Raubkatze« aus dem Hause Grumman für Aufsehen: die XF10F Jaguar. Sie stellte das erste echte Schwenkflügelflugzeug dar, das auch für die Serienproduktion gedacht war. Letztlich blieb es jedoch beim Versuchsmuster und man widmete sich einem weiteren Entwurf in konventioneller Bauweise. Als G-98 und zeitweilig F9F-9 genannt, basierte das neue Jagdflugzeug auf einer Firmenstudie mit Überschallfähigkeiten und lehnte sich zunächst an die Cougar an. Zum Schluss war es ein völlig neuer Kampfjet mit einem nach der Flächenregel entworfenen Rumpf und sogenannter »Wespentaille«. Das Tragwerk war an der Vorderkante um 35° gepfeilt und war fast über die gesamte Spannweite mit Vorflügeln ausgestattet. Zur besseren Bordunterbringung ließen sich die Flügelenden – eher ungewöhnlich – nach unten klappen. Im Tragwerk sorgten leichte Aluminiumbaugruppen für Gewichtsreduzierung bei gleichzeitiger Gewährung der strukturellen Integrität. Zum Antrieb sollte die Lizenzausgabe des britischen Sapphire als Wright J65 mit Nachbrenner genutzt werden. Unter dem Rumpf gab es insgesamt drei ausklappbare Luftbremsen plus Fanghaken. Die Höhenflossen waren als Pendelruder ausgelegt. Als Bewaffnung gelangten vier 20-mm-Kanonen in der Unterseite der Lufteinlässe zum Einbau, die durch zwei bis vier gelenkte Luft-Luft-Raketen vom Typ Sidewinder, Abschussbehältern

Flugzeugtyp	F-11A Tiger
Verwendung	Jagdflugzeug
Besatzung	1
Triebwerk	ein Wright J65-W-18 mit 46,7 kN mit Nachbrenner
Spannweite	9,64 m
Länge	14,31 m
Höhe	4,03 m
Flügelfläche	23,23 m²
Leermasse	6091 kg
Startmasse	max. 10.922 kg
Höchstgeschwindigkeit	1210 km/h
Steiggeschwindigkeit	82,8 m/s
Dienstgipfelhöhe	12.770 m
Reichweite	2050 km
Bewaffnung	vier 20-mm-MK Colt Mk12 mit je 125 Schuss sowie gelenkte Luft-Luft-Raketen, Raketenbehälter, bis 908 kg Bomben an vier Aufhängepunkten

Diese vier F-11A gehören zur Staffel VF-21, wo der einstrahlige Jäger 1959 in Dienst gestellt wurde. (Foto: National Museum of Naval Aviation Pensacola)

Bei der F-11, hier ein Exemplar mit kurzer Bugnase auf der USS Forrestal, klappten die Flügelenden zur besseren Bordunterbringung ausnahmsweise nach unten. (Foto: National Museum of Naval Aviation Pensacola)

mit ungelenkten 70-mm-Raketen oder Freifallbomben ergänzt werden konnten. Statt der extern mitgeführten Waffen konnten aber auch Zusatztanks zur Vergrößerung der Reichweite befestigt werden. Der Original-Grumman-Schleudersitz des Piloten sollte später übrigens durch den Martin-Baker Mk.5 ersetzt werden, als die US-Marine ab Ende der 1950er-Jahre auf Produkte des britischen Herstellers wechselte.

Im April 1954 bestellte die US Navy zwei fliegende Prototypen und eine Zelle für Belastungsversuche am Boden, die bald um 42 als Vorserienmaschinen deklarierte Exemplare ergänzt werden sollten. Der Erstflug einer XF9F-9 wurde dann am 30. Juli 1954 durchgeführt, zwei Flüge absolvierte Testpilot Corky Meyer an diesem Tag. Dabei wurde Schallgeschwindigkeit erreicht, obwohl das verwendete Triebwerk J65-W-7 noch nicht mit dem vorgesehenen Nachbrenner ausgestattet war. Der zweite Prototyp flog erstmals im Oktober 1954 und wurde nachfolgend zur Edwards Air Force Base überführt, um mit dem dort vorherrschenden, besseren Winterwetter die Erprobung voranzutreiben. Ferner erhielt dort das J65-Triebwerk auch die vorgesehene Nachbrennerstufe und ermöglichte damit Überschallgeschwindigkeit bis Mach 1,2. Noch im selben Monat gab es einen Rückschlag, als der erste Prototyp wegen Triebwerkbrand eine Bruchlandung erlitt, die der Pilot aber glücklicherweise überlebte.

Eine überarbeitete dritte Maschine folgte noch im Dezember 1954 in das Testflugprogramm und verfügte über Änderungen am Leitwerk, den Lufteinlässen, der Cockpithaube und dem Rumpfbug, um die Flugstabilität zu verbessern. Mit diesen Modifikationen sollten die nachfolgend bestellten 388 Serienjäger sowie 85 Aufklärer versehen werden und im April 1955 erfolgte die Umbenennung in F11F-1 Tiger. Ab April 1956 begann die Trägererprobung an Deck der *USS Forrestal*. Das nicht ganz sorgenfreie J65-W-6 wurde durch das etwas schwächere J65-W-18 mit 46,7 kN Nachbrennerschub ersetzt. Eine längere Bugnase streckte das Flugzeug von 13,68 auf 14,34 m und sollte ein AN/APS-50-Radar aufnehmen, was jedoch nie zum Einbau gelangte. Dafür wurde eigentlich auch die in der Bugspitze befindliche Luftbetankungsvorrichtung als ausklappbares Tankrohr umgebaut und nach rechts verlegt. Augenfällig war zudem die Einführung von um 60° gepfeilten Tragwerksansätzen.

Ein äußerst kurioser Vorfall ereilte Grumman-Werkspilot Tom

Attridge am 21. September 1956, als er sich praktisch selbst »abschoss«. Nach dem Abfeuern der Bordkanonen ging er in den Bahnneigungsflug über. Kurze Zeit später wurde er von den eigenen Patronen getroffen, die ihrerseits eine Parabel beschrieben hatten und nun von oben das Flugzeug trafen. Ein schier unglaublicher Zufall! Die Maschine erlitt Schäden und Attridge trug Verletzungen davon. Er musste schließlich notlanden.

Ab Februar 1957 wurden sechs Serienmaschinen an VX-3 auf der NAS Atlantic City, New Jersey, geliefert und besaßen noch den kurzen Rumpfbug. Hier erfolgte die Einsatzerprobung, Luftbetankungs- und Schießübungen, die Ausarbeitung von Trainings- und Wartungsmethoden und die Bewertung der Einsatzausrüstung. Mitte des Jahres ging es an Bord der *USS Saratoga*, um die Trägerqualifikation abzuschließen. Erste operationelle Staffel wurde die im kalifornischen Moffett Field beheimatete Einheit VA-156 (1959 in VF-111 umbenannt), die im März 1957 die ersten Tiger mit kurzem Rumpfbug und einen Monat später Maschinen des Typs mit dem längerem Rumpfbug erhielt. Nach einem kurzen Aufenthalt auf der *USS Hancock* im November 1957 folgte im nächsten Jahr die Stationierung der Einheit auf der *USS Shangri La* und vier der Maschinen wurden außerdem zur NAS Atsugi nach Japan verlegt. Während 1957 auch die Staffeln VF-21, VF-33 und VF-191 mit der Tiger ausgerüstet wurden, folgten 1958 VF-51, VF-121 und VF-24. Letztgenannte Einheit wurde im März 1959 in VF-211 umbenannt und startete im selben Jahr von der *USS Lexington* aus zu simulierten Angriffen auf Taiwan, um die Effizienz der dort aufgestellten Luftabwehr zu testen.

Letztendlich blieb der Erfolg der Tiger jedoch wegen unzureichender Leistungen aus – die zeitgleich in Dienst gestellte Vought F8U-1 Crusader war innerhalb der meisten Parameter einfach besser, ihr Triebwerk zudem effizienter. Somit wurde die Bestellung gekürzt und die Fertigung nach insgesamt 201 Exemplaren Anfang 1959 beendet. Die F11F konnte während des Einsatzes bei der US-Trägerflotte trotzdem durch ihre ro-

Das lange Staurohr am Bug sowie die Farbmarkierungen an Trag- und Leitwerk deuten auf einen Erprobungschrakter dieser F11F hin. Gleichfalls dürften die angehängten Sidewinder-Raketen nur Attrappen sein. (Foto: National Museum of Naval Aviation Pensacola)

Zuletzt dienten Tiger innerhalb der US Navy zu Übungszwecken, so wie diese F-11A bis 1965 in der Staffel VT-23. (Foto: National Museum of Naval Aviation Pensacola)

buste Bauweise, die guten Flugeigenschaften und geringen Wartungsanforderungen überzeugen. Das erste Einsatzjahr im Bordbetrieb blieb komplett unfallfrei, was zuvor noch kein Navy-Jet geschafft hatte. Letztlich währte der operationelle Dienst bei fünf Staffeln der US Pazifik- und zwei Staffeln der Atlantik-Flotte dann aber nur zwei Jahre, danach wurde die F11F-1 (ab 1962 F-11A genannt) aufgrund ihres einfachen Handlings noch bis 1967 bei den Einheiten VT-23 und VT-26 zu Übungszwecken genutzt. Von 1957 bis 1969 flog das Kunstflugteam »Blue Angels« die Tiger, wodurch das Muster eine gewisse Bekanntheit erlangte.

Zwei modifizierte, als F11F-1F Super Tiger bezeichnete Maschinen wurden mit einem General Electric J79-Triebwerk ausgerüstet, das mit Nachbrenner 66,7 kN Schub leistete. Zudem gab es vergrößerte Lufteinläufe und geänderte Tragflächen. Trotz verbesserter Manövrierfähigkeit sowie einer Höchstgeschwindigkeit von Mach 2,04 blieb es jedoch beim Erprobungsprogramm. Das begann im Mai 1956 und gipfelte knapp zwei Jahre später in einem Weltrekord mit 23.449 m Flughöhe.

Einsatzstaffeln (Auswahl):
VF-21, 33, 111, 121, 191, 211
VT-23, 26

Grumman C-1 Trader

Innerhalb der schlagkräftigen US-Trägerverbände bestand zunehmend die Notwendigkeit von schnellen Transportflügen zwischen Landbasen und Flugzeugträgern, um unterschiedlichste Güter, Personal, Post oder dringend benötigte Ersatzteile bei Bedarf zu liefern. Unter der Bezeichnung Carrier Onboard Delivery oder kurz COD wurde damit nach dem Zweiten Weltkrieg ein neues Aufgabengebiet der Marinefliegerei entwickelt. Anfangs nutzte die US Navy modifizierte Kampfflugzeuge wie die Avenger oder Skyraider für derartige Aufgaben, doch waren deren Nutzlast und Reichweite begrenzt. Leistungsstärkere Einsatzflugzeuge wurden benötigt, die beispielsweise ganze Triebwerke oder auch Atombomben zum Flugzeugträger transportieren konnten. Der Koreakrieg hatte die Forderung nach einem Transporter in der COD-Rolle nochmals untermauert und Grumman überarbeitete den U-Boot-Jäger S2F Tracker zum Entwurf G-96. Für sperrige Transportgüter wurde der Rumpf voluminöser konstruiert und an der linken Seite mit einer neu entworfenen, zweifach faltbaren Frachttür versehen. Statt einer Fracht von bis zu 1600 kg konnten aber

Flugzeugtyp	**C-1A Trader**
Verwendung	Transportflugzeug
Besatzung	2
Triebwerk	zwei Wright R-1820-82A mit je 1137 kW
Spannweite	21,23 m
Länge	12,86 m
Höhe	4,97 m
Flügelfläche	45,06 m²
Leermasse	7544 kg
Startmasse	max. 11.158 kg
Höchstgeschwindigkeit	451 km/h
Steiggeschwindigkeit	10 m/s
Dienstgipfelhöhe	7560 m
Reichweite	1786 km

Eine C-1A der Staffel VRC-40 auf der USS Lexington. Von hier aus startete auch eine Trader und damit zugleich ein Kolbenmotorflugzeug letztmalig von einem US-Flugzeugträger. (Foto: US DoD)

Über viele Jahre meisterte die Trader das Carrier-On-Board-Delivery zum Transport wichtiger Güter und Ersatzteile, hier befindet sich eine Maschine des Typs im Landeanflug und wird gleich auf dem Träger aufsetzen. (Foto: National Museum of Naval Aviation Pensacola)

auch insgesamt neun Sitze zum Personentransport eingebaut werden. Hierzu passten die nunmehr vorhandenen Fenster an den Rumpfseiten. Von Anbeginn für Allwettereinsätze und eine Zweimann-Crew vorgesehen, wurden neueste Navigationsinstrumente und auch ein Autopilot integriert. Bemerkenswert ist, dass aus den modifizierten Triebwerksgondeln statt Sonarbojen nun aufblasbare Rettungsinseln ausgestoßen werden konnten. Die Wright-Kolbenmotoren, die äußeren klappbaren Tragflächen sowie das Fahrwerk wurden von der Tracker übernommen. Eine aus der Serienproduktion stammende S2F-1 wurde als Transporter fertiggestellt und vollführte am 19. Januar 1955 den ersten Testflug. Schon im Oktober desselben Jahres galt der Typ als TF-1 Trader einsatzbereit.

Eine Erstorder umfasste 45 dieser Transportflugzeuge, bis zum Jahresende 1958 kamen insgesamt 87 Trader aus der Fertigung. Erste Einsatzstaffeln waren die zur Pazifik-Flotte gehörende Einheit VR-21 sowie VR-24 von der Atlantik-Flotte. Heimatstützpunkt von VR-21 war Barbers Point auf Hawaii, Verlegungen gab es verschiedentlich zu kalifornischen Basen sowie nach Atsugi, Japan, und natürlich den Einsatz auf Trägerschiffen. Eine Trader von VR-21 führte am 26. Juni 1958 den ersten bedeutsamen COD-Einsatz durch, als von der Na-

Die Rumpfunterseite dieser Crusader mit ihren Kamerafenstern weist die Maschine als RF-8-Aufklärer aus. (Foto: National Museum of Naval Aviation Pensacola)

Die Crusader fiel durch die außergewöhnliche Tragflügelkonstruktion auf, da sich der um 42° gepfeilte, mit Sägezahnvorderkante sowie mit beiklappbaren Enden versehene Schulterdeckertragflügel an der Vorderkante komplett um bis zu 7° anheben ließ. Damit wurde ein hoher Anstellwinkel beim Start gewährleistet, andererseits bot er bei der Landung eine bessere Sicht, weil das Flugzeug fast waagerecht in der Luft lag. Der Rumpf war um das Strahltriebwerk herum konzipiert worden und besaß kurz hinter der Bugnase, unter dem Rumpf den Lufteinlass. Neben den Bordkanonen gab es als weitere Bewaffnung unter dem Rumpf ein ausfahrbares Gestell mit 32 ungelenkten 70-mm-Raketen, später außerdem die eher ungewöhnlich platzierten Startschienen für Luft-Luft-Lenkraketen an den Rumpfseiten. Der Bug beherbergte ein Feuerleitradar APG-30, in der nachfolgenden Kabine saß der Pilot auf einem Vought-Schleudersitz. Dieser wurde später durch den Martin-Baker-Sitz Mk. 5 ersetzt, der die Überlebenschance bei Notausstiegen deutlich verbesserte.

Neben der Jägerversion F8U-1, die ab 1962 F-8A hieß, wurde ab September 1957 auch der Aufklärer F8U-1P (RF-8A ab 1962) ausgeliefert. Diese Version war unbewaffnet, für ihren Aufgabenbereich mit verschiedenen Kameras ausgestattet und wurde beispielsweise während der Kuba-Krise eingesetzt. Später wurden 73 dieser Flugzeuge mit verstärktem Tragwerk, mit Stabilisierungsflossen, mit Unterflügelstationen sowie neuer Elektrik zu RF-8G umgerüstet. Zum Schluss sollten sie die letzten Crusader sein, die bei den US-Marinefliegern im Dienst standen, wobei die letzten RF-8G-Aufklärer von der Reserveeinheit VFP-206 sogar erst im März 1987 ausgemustert wurden.

Die F8U-1 wurde bis September 1958 gebaut und ein Teil dieser Maschinen Ende der 1960er-Jahre zu Zieldrohnen QF-8A sowie Drohnenleitflugzeugen DF-8A umgerüstet. Zwischenzeitlich war mit der F8U-1E, später F-8B genannt, eine verbesserte Jägervariante mit begrenzter Allwetterfähigkeit, die auf das AN/APS-67-Radar zurückzuführen war, in die Serienproduktion gefolgt. Fast zeitgleich wurde von Januar 1959 bis September 1960 außerdem die F8U-2 (F-8C) mit stärkerem J57-P-16-Triebwerk geliefert und gelangte zuerst an die Jägerstaffel VF-84. Als Neuerung hatte diese Version zudem Stabilisierungsflossen unter dem Hinterrumpf sowie an jeder Rumpfseite eine Y-förmige Aufhängevorrichtung für je zwei gelenkte Luftkampfraketen des Typs Sidewinder erhalten.

Mit noch schubstärkerem Triebwerk der Baureihe J57-P-20 war die nächste Ausführung F8U-2N (F-8D) ausgestattet und flog im Februar 1960 erstmals. Ab 1961 begannen die Lieferungen mit der Staffel VF-111 als erstem Nutzer. Das N in der Typenbezeichnung deutete auf Nachtjäger mit verbessertem Radar und weiterentwickelter Avionik hin, zudem wurde auf das ausfahrbare Raketengestell verzichtet und somit Platz für zusätzlichen Kraftstoff gewonnen. Die F8U-2N wurde in der Produktion von der F8U-2NE (F-8E ab 1962) abgelöst, die Mit-

te 1961 erstmals abhob und sich zur Hauptserienversion der Crusader entwickeln sollte.
In der leicht vergrößerten Bugnase erhielt die F-8E ein neues AN/APQ-94-Radar sowie zusätzliche Avionik in einer Verkleidung auf dem Rumpfrücken, um so den Einsatz der Bullpup-Luft-Boden-Lenkwaffe zu gewährleisten. Überhaupt war die Eignung zu Angriffen auf Bodenziele verbessert worden, denn die F-8E verfügte über zwei zusätzliche Unterflügelstationen und konnte mehr Waffenlast als ihre Vorgänger zum Einsatz zu bringen. Der Prototyp der F-8E war übrigens durch Um-

Die Crusader war ein relativ großes Flugzeug, Piloten schätzten sie im Allgemeinen und viele flogen sie lieber als den Nachfolger F-4 Phantom II. Diese F-8E gehört zur Staffel VF-211. (Foto: National Museum of Naval Aviation Pensacola)

Zwei F-8D von der USS Hancock (CV-19) mit ausgefahrenen Fanghaken beginnen den langen Anflug zurück zum Träger. Zahlreiche dieser Maschinen wurden ab 1967 mit stärkerem Triebwerk zu F-8H umgerüstet. (Foto: National Museum of Naval Aviation Pensacola)

bau einer F-8A entstanden und diente später nochmals durch Umbau als Prototyp der zweisitzigen Trainerversion F8U-1T (TF-8A ab 1962). Neben dem Tandemcockpit für Flugschüler und Fluglehrer, das einige Modifikationen an der Flugzeugzelle erforderte, gab es weitere Änderungen sowie – einmalig bei Crusader-Maschinen – einen Bremsschirm zur Verkürzung der Landestrecke. Die TF-8A absolvierte im Februar 1962 ihren ersten Flug, doch sah man aus Budgetgründen von einer Serienfertigung ab. So blieb es bei diesem Einzelexemplar, das Vought nach der Werkserprobung der Navy-Testpilotenschule in Patuxent River, Maryland, übergab. Es wurde auch von der NASA genutzt, aber im Juli 1978 während eines Trainingsflugs bei einem Absturz zerstört. Mehr als ein Drittel der Crusader-Jagdflugzeuge wurden ab Ende der 1960er-Jahre modernisiert, um z.B. mit Strukturverstärkungen die Lebensdauer der Maschinen zu erhöhen. Ab 1967 wurden 89 F-8D zu F-8H umgerüstet, was die Einrüstung des J57-P-20A-Triebwerks einbezog. Mit 136 wurden wesentlich mehr F-8E zu F-8J und ebenfalls mit dem J57-P-20A-Triebwerk sowie als wesentliche Neuerung mit einem Grenzschichtbeeinflussungssystem am Tragwerk ausgestattet. Recht analog verliefen die Umrüstprogramme von 87 F-8C zu F-8K sowie 61 F-8B zu F-8L.

US Navy und Marine Corps verwendeten die Crusader ab 1964 über Indochina, bereits Anfang jenes Jahres starteten von der *USS Kitty Hawk* sowie *USS Bon Homme Richard* aus Aufklärer RF-8A zu Einsätzen über Laos. Am 6. Juni 1964 musste der Pilot einer RF-8A erstmals mit dem Schleudersitz aussteigen, als sein Flugzeug vom Boden aus beschossen und dabei schwer getroffen wurde. Als der Vietnamkrieg mit dem Zwischenfall im Golf von Tonkin ausbrach, flogen F-8E der Einheiten VF-51 und VF-53 von der *USS Ticonderoga* aus mit die ersten bewaffneten Einsätze in diesem Konflikt, bei denen sie am 2. August 1964 nordvietnamesische Patrouillenboote mit Bordkanonen und ungelenkten 127-mm-Raketen angriffen. Neben Aufklärung flogen F-8 Begleitschutz und Jagdmissionen, bekämpften aber auch Bodenziele und Schiffseinheiten sowie die Rebellen des Vietcong.

Die Crusader-Piloten schätzten die guten Flugeigenschaften des Flugzeugs, im Luftkampf war eine F-8 erstmals am 12. Juni 1966 gegen eine MiG-17 siegreich und am 9. Oktober des gleichen Jahres konnte erstmals eine MiG-21 abgeschossen werden – der erste Luftsieg der US Navy über dieses seinerzeit moderne Muster. Insgesamt gelangen 18 Abschüsse, vorwiegend mit der Sidewinder-Luftkampfrakete. Mindestens drei F-8E fielen allerdings gegnerischen MiGs zum Opfer und insgesamt 52 weitere F-8 sowie 20 RF-8 der US Navy gingen durch Beschuss vom Boden aus verloren. Das gleiche Schicksal ereilte zwölf Maschinen des Marine Corps und zwei andere F-8 wurden durch gegnerische Raketen-Angriffe auf Landbasen zerstört.

Ab Ende der 1960er-/Anfang der 1970er-Jahre wurden die Crusader zunehmend von moderneren Einsatzmustern wie der F-4 Phantom II verdrängt und flogen dann über Südostasien hauptsächlich Aufklärung sowie Begleitschutzeinsätze. In den 1970er-Jahren wurde auch die Zahl der operationellen Einsatzverbände verringert. Insgesamt waren es 70 Staffeln von Navy und Marines, die rund 30 Jahren lang die Crusader flogen. Dazu gehörten seit 1965 auch verschiedene Reserveeinheiten. Im gleichen Jahr wurde auch die letzte von 1261 F-8 gebaut. An Bord der *USS Oriskany* absolvierten 1976 Maschinen der Staffeln VF-191 und VF-194 die letzte Einsatzfahrt, danach erfolgte die Außerdienststellung und nur noch die Aufklärer RF-8G wurden wie bereits erwähnt weitere Jahre genutzt.

Eine F8U-3 Crusader III genannte Weiterentwicklung flog am 2. Juni 1958 erstmals und stellte eigentlich eine völlige Neukonstruktion dar. Sie war in Konkurrenz zur F-4 Phantom II entwickelt worden, unterlag dieser aber trotz eines beachtlichen Leistungspotenzials. Sie war etwas größer und schwerer als die ursprüngliche Crusader, besaß ein J75-Triebwerk von Pratt & Whitney und unter dem Rumpfheck zwei große, wegklappbare Kielflossen. Die drei gebauten Versuchsmuster der F8U-3 hatten Geschwindigkeiten von Mach 2,6 erreicht und man ging sogar von noch höheren Leistungen aus, doch wurde das Programm nach insgesamt 190 Testflügen beendet.

Einsatzstaffeln (Auswahl):
VF-3, 11, 13, 24, 32, 33, 51, 53, 62, 84, 91, 103, 111, 124, 132, 141, 143, 154, 162, 174, 191, 194, 211, 214
VMF-111, 112, 113, 122, 212, 215, 232, 235, 251, 312, 321, 323, 333, 351, 451, 511
VMCJ-1, 2, 3

Die RF-8G war die modernisierte Umrüstvariante des Aufklärers RF-8A und wurde bis 1987 geflogen. Diese RF-8G der Staffel VFP-306 hat irgendwo über Arizona zu Testzwecken das Fahrwerk ausgefahren und die Flügel angestellt. (Foto: National Museum of Naval Aviation Pensacola)

Grumman E-1 Tracer

Flugzeugtyp	E-1B Tracer
Verwendung	Frühwarnflugzeug
Besatzung	4 bis 5
Triebwerk	zwei Wright R-1820-82WA mit je 1137 kW
Spannweite	22,05 m
Länge	13,82 m
Höhe	5,13 m
Flügelfläche	47,00 m²
Leermasse	9361 kg
Startmasse	max. 12.066 kg
Höchstgeschwindigkeit	365 km/h
Steiggeschwindigkeit	5,7 m/s
Dienstgipfelhöhe	4815 m
Reichweite	1625 km

Schon der Zweite Weltkrieg hatte dramatisch aufgezeigt, wie wertvoll eine Frühwarnung, eine weiträumige Erkennung feindlicher Angriffsverbände oftmals gewesen wäre. Noch zum Ende des Kriegs bekundete daher die US-Marine ihr Interesse an entsprechenden Frühwarnmöglichkeiten und gab Untersuchungen unter den klangvollen Projektnamen »Cadillac« und »Cadillac II« in Auftrag. Mit einem brauchbaren Radarsystem versehen, sollten Flugzeuge aus der Höhe besser aufklären können als vergleichbare, schiffsgestützte Geräte mit einem begrenzten Horizont.
Erste, in die Praxis umgesetzte Lösungen für den Flugzeugträgerbetrieb stellten die Grumman TBM-3W sowie Douglas AD-3W dar, die in einem großen Gehäuse unter dem Rumpf ein Radar mitführten. Allerdings gab das System nur die empfangenen Daten an andere Schiffs- oder landgestützte Geräte zur Auswertung weiter, eine sofortige Auswertung und damit die schnellstmögliche Erkennung von Gefahren erfolgte anfangs noch nicht. Die galt jedoch als Voraussetzung für wirklich effektive Frühwarnung.
Die Hazeltine Corporation entwickelte mit dem über 300 km weit reichendem AN/APS-82 ein neues und zugleich das eigentlich erste Frühwarnradar, das in einer großen, rotierenden Antenne untergebracht war und zugleich von einem relativ leichten, trägergestützten Flugzeug getragen werden konnte. Hier wurden 16 verschiedene Konfigurationen bewertet, letztlich gewann Grumman im November 1955 mit dem Design G-117. Das basierte auf dem Transporter TF-1 Trader und zeichnete sich durch eine große, sich nach hinten verjüngende Radarverkleidung direkt über dem Rumpf des Flugzeugs aus. Für eine ausreichende Stabilität und Steuerbarkeit konstruierte man das Leitwerk komplett neu mit Endscheiben zur Seitensteuerung. Auf dem verkleinerten Rest der ursprünglichen Seitenflosse ruhte das Ende der Antennenverkleidung. Durch die Antennenverkleidung konnten allerdings die Tragflächen nicht mehr über dem Rumpf zusammengeklappt werden. Ein neuer

Hier erkennt man gut, wie die enorme Radarkuppel auf dem Rest des ursprünglichen Seitenleitwerks aufliegt. Das abgebildete Flugzeug diente zuletzt in der Staffel VAW-121 und steht heute in Pensacola. (Foto: Heiko Thiesler)

Beinahe 20 Jahre lang diente die Tracer als Frühwarnflugzeug in der US Navy. Auf den Trägern waren normalerweise zwei bis vier dieser Flugzeuge stationiert. (Foto: National Museum of Naval Aviation Pensacola)

Faltmechanismus legte die Tragflächen nunmehr an die Seiten des Rumpfs an. Der Rumpf selbst wurde um fast 0,5 m verlängert und nahm neben den beiden Piloten sowie zwei bis drei Systemoperateuren die umfangreiche Elektronik auf.

Als aerodynamischer Prototyp diente eine Trader-Serienmaschine mit einer Aluminiumattrappe als Radarverkleidung auf dem Rumpf. So begann am 17. Dezember 1956 die Flugerprobung. Die Flugeigenschaften waren akzeptabel und am 1. März 1958 flog auch die erste Serienmaschine als WF-2 Tracer. Das 9,75 m lange und 6,10 m breite Radom auf dem Rumpfrücken war nunmehr aus Fiberglas gefertigt. Das Flugzeug insgesamt und die Elektronikausrüstung im Speziellen waren doch sehr komplex, sodass die ersten Serienmaschinen die weitere Erprobung mitgestalteten und eine Einsatzbereitschaft erst zum Jahresende 1959 vermeldet werden konnte.

VAW-11 auf der NAS North Island, Kalifornien, sowie VAW-12 in Quonset Point, Rhode Island, waren Erstempfänger der Tracer. VAW-11 lief als erste Staffel auf der *USS Hancock* zu einer Einsatzfahrt in den Westpazifik aus. Während VAW-11 und VAW-12 später in VAW-111 und VAW-121 umbenannt und zu den Hauptnutzern der Tracer wurden, setzte VAW-13 das Flugzeug nur kurzzeitig von Guam aus ein. Ferner dienten Tracer ab 1967 beim Verband RVAW-110 zum Training und zusätzlich flogen vier Reservestaffeln der US Navy das Muster ab 1970.

Schon 1962, dem Jahr in dem sich die Typenbezeichnung von WF-2 in E-1B änderte, kamen Tracer während der Kubakrise von den Trägern *USS Randolph*, *Essex*, *Independence* sowie *Enterprise* aus zum Einsatz. Üblicherweise waren zwei bis vier dieser Flugzeuge an Bord und konnten drei Stunden lang einen etwa 300 km großen Radius überwachen. Noch größeren Umfang sollten die Einsätze während des Vietnamkriegs erreichen. Hier waren sie mehr als 50 Mal an Bord von Trägerschiffen stationiert, zuerst auf der *USS Ticonderoga*. Von dort aus unterstützten sie im Einsatz Kampfflugzeuge der eigenen Streitkräfte, kontrollierten diese bei ihren Angriffen über Nordvietnam oder warnten die eigenen Verbände vor herannahenden Kampfflugzeugen des Gegners. Während dieser Einsätze gingen drei E-1B durch Unfälle verloren.

Schon ab Mitte der 1960er-Jahre wurde die Tracer zunehmend von der leistungsstärkeren E-2 Hawkeye verdrängt. Eine letzte Einsatzfahrt absolvierte die Trainingsstaffel RVAW-110 von Oktober 1976 bis April 1977 auf der *USS Franklin D. Roosevelt* und der Reserveverband VAW-78 stellte als letzte Einheit die Tracer im November 1977 außer Dienst. Bis September 1961 entstanden bei Grumman 88 Tracer.

Einsatzstaffeln (Auswahl):
VAW-11, 12, 13, 78, 88, 207, 307

Der Start dieser E-1 Tracer steht unmittelbar bevor. Man erkennt gut die riesige Radarverkleidung auf dem Rumpfrücken, was die Flugeigenschaften durchaus anspruchsvoll machte. (Foto: National Museum of Naval Aviation Pensacola)

North American Rockwell T-2 Buckeye

Die US Navy wählte die von North American konzipierte T-2 Buckeye im Jahr 1956 als neuen Strahltrainer aus, um mit möglichst geringen Kosten das Basistraining durchzuführen. Überzeugen konnte der Entwurf mit seiner praktischen Konstruktion, die viele Baugruppen anderer Flugzeuge von North American verwendete. So stammte z.B. das Tragwerk von der FJ-1 Fury, das Cockpitlayout und die Steuerelemente entsprachen der propellergetriebenen T-28 Trojan. Flugschüler und Fluglehrer saßen höhenversetzt hintereinander und konnten ihre Schleudersitze im Notfall bereits bei Höhe Null auslösen. Der Antrieb samt Lufteinlässen wurde an der Rumpfunterseite platziert, wo sich weiter hinten auch der für Decksoperationen notwendige Fanghaken befand. Zum entsprechenden Training ließen sich auch Waffen mitführen.

Die erste von sechs Versuchsmaschinen YT2J-1, ab 1962 YT-2A genannt, begann am 31. Januar 1958 die Flugerprobung. Schon ab Juli des darauf folgenden Jahres erfolgten die Lieferungen an die US Navy als T2J-1 und im November 1959 begann ein erster Lehrgang für Jetpiloten der Trainingsstaffel VT-4 auf diesem Muster in Pensacola, Florida. Im selben Jahr waren auch die Testreihen der Buckeye an Bord des Trägers *USS Antietam* abgeschlossen. Auf dem gleichen Schiff began-

Flugzeugtyp	**T-2C Buckeye**
Verwendung	Schulflugzeug
Besatzung	2
Triebwerk	zwei General Electric J85-GE-4 mit je 13,13 kN
Spannweite	11,62 m
Länge	11,79 m
Höhe	4,51 m
Flügelfläche	23,69 m²
Leermasse	3680 kg
Startmasse	max. 5978 kg
Höchstgeschwindigkeit	840 km/h
Steiggeschwindigkeit	31,5 m/s
Dienstgipfelhöhe	13.700 m
Reichweite	1685 km
Bewaffnung	optional bis 1500 kg Kanonen- und Raketenbehälter, Bomben an sechs Aufhängepunkten

Die zweite, ab 1965 ausgelieferte Buckeye-Baureihe T-2B besaß zwei Strahltriebwerke, was Leistung und Sicherheit erhöhte. (Foto: National Museum of Naval Aviation Pensacola)

Ein Schulflugzeug vom Typ Buckeye wird zur Trägerqualifikation auf der USS Lexington genutzt. Die einzelne Schubdüse unter dem Rumpf verrät, dass es sich um die erste Serienversion T-1A handelt. (Foto: National Museum of Naval Aviation Pensacola)

nen im Juni des Folgejahres Flugschüler der Einheit VT-4 die ersten Trägerqualifikationen mit dem Flugzeug. Im April 1961 wurde die letzte von insgesamt 217 bestellten T2J-1 an die US Navy übergeben, 1962 erfolgte die Umbenennung in T-2A. Zu diesem Zeitpunkt war die Modifikation der Buckeye bereits in vollem Gange, um künftig bessere Leistungen zu erzielen. Bei nur geringfügig höheren Betriebskosten wurde die bisher einzeln verwendete, 15,13 kN starke Westinghouse-Strahlturbine J34-WE-36 durch zwei leichtere und jeweils 13 kN Schub leistende J60-PW-6 von Pratt & Whitney ersetzt. Hierfür wurden zwei Maschinen entsprechend umgebaut und ein erster Flug in dieser Konfiguration fand im August 1962 statt. Die gestiegene Leistung verbesserte für die Piloten den Übergang auf künftige Kampfflugzeuge mit Strahlantrieb und erhöhte zugleich die Sicherheit dank zweier Triebwerke. So folgte im Februar 1964 der Auftrag zur Serienherstellung von 97 zweistrahligen T-2B und im November 1965 wurde die Navy-Staffel VT-7 erster Nutzer des Typs. Um die Kosten für die neue Ausführung möglichst gering zu halten und bereits produzierte Ersatzteile weiterhin nutzen zu können, wurden nur Änderungen im Bereich der Triebwerke und Lufteinlässe vorgenommen, die übrige Zelle einschließlich der Hauptbaugruppen blieb unverändert. Eine gewisse Aufwertung gab es noch in der Bordelektronik.

Eine T-2B diente als Umrüstflugzeug zur Erprobung der dritten Serienvariante T-2C und flog erstmals im April 1968. Hauptunterschied zum Vorgänger waren zwei neue, annähernd gleich schubstarke Triebwerke vom Typ General Electric J85-GE-4. Die T-2C wurde ab 1969 der US-Marine zugeführt, wobei die ersten Lieferungen an die auf der NAS Meridian, Mississippi beheimatete Staffel VT-9 gingen. Zusammen mit den Flugzeugen der B-Serie ersetzte die T-2C bis 1973 alle Maschinen des A-Modells bei der US Navy, ihre Produktion endete 1975 nach insgesamt 231 Exemplaren. Seit 1967 hieß der Hersteller übrigens North American Rockwell, seit 1973 Rockwell International.

Bei der US Navy wurden die T-2B Anfang der 1980er-Jahre aus dem aktiven Dienst genommen, die T-2C aber noch weiter geflogen. Trotz einiger Aufwertungen in der Ausstattung traten in den 1990er-Jahren einige Probleme auf, die z.B. 1997 aus Sicherheitsgründen dreimal zu Startverboten führten. Verstärkungen an den Höhenrudern und Modifizierungen am Schleudersitz schafften ab 1999 Abhilfe. Dennoch war das Ende der Einsatzlaufbahn aber absehbar und am 25. Juli 2003 absolvierte eine T-2C letztmalig eine Landung auf einem Flugzeugträger, der *USS Harry S. Truman*. Die Ausmusterung des Flugzeugs, das bei den Piloten durch sein einfaches Handling und die guten Flugeigenschaften sowie am Boden durch eine einfache Wartung recht beliebt war, erfolgte schließlich im August 2008. Zu der Zeit standen dann in beinahe 50 Dienstjahren aller drei Buckeye-Versionen fast 3,5 Millionen Flugstunden in den Logbüchern und die Zahl der ausgebildeten Piloten liegt weit über 10.000. Schließlich war die T-2 der am längsten verwendete Jettrainer der US Navy, diente der Trägerqualifikation, dem Instrumententraining, der Navigationsschulung bei Tag und Nacht, dem Formationsfliegen in großen Höhen und bei hohen Geschwindigkeiten, dem Erlernen von Manöverkomponenten eines Kampfeinsatzes sowie dem Kunstflug.

Einsatzstaffeln (Auswahl):
VT-4, 7, 9, 10, 19, 23, 26, 43, 86, 126

Ebenfalls mit zwei Triebwerken war die bis 2008 geflogene T-2C ausgerüstet. Hier eine solche Maschine wenige Augenblicke vor der Landung auf der USS Dwight D. Eisenhower (CVN-69) unter den strengen Augen der Landeoffiziere im Hintergrund. (Foto: US DoD)

McDonnell Douglas F-4 Phantom II

Die Erfolgsstory der legendären F-4 Phantom II hatte mit verschiedenen Design-Studien begonnen, bei denen sich wesentliche Elemente auf das Konzept der F-3 Demon stützten und unter anderem mit F3H-G oder F3H-H bezeichnet wurden. Von 1953 bis 1956 änderten sich mehrmals die Einsatzvorgaben und erforderten immer wieder Modifikationen am Entwurf, bis McDonnell einer überarbeiteten Navy-Entscheidung nach einem zweisitzigen, bordgestützten Jagdflugzeug als YF4H-1 mehr oder weniger entsprach. Eine im November 1955 bewertete Attrappe führte zur Bestellung von zwei Prototypen und fünf Vorserienflugzeugen – inklusive erneuter Änderungen. Ende 1956 wurden schließlich elf weitere Exemplare bestellt, die der Serienausführung entsprechen sollten.

Die bestellte YF4H sollte der erste Marinejäger ohne Kanonenbewaffnung und das erste Kampfflugzeug mit rechnergesteuerten, verstellbaren Lufteinläufen für eine optimale Luftzufuhr der Triebwerke bei allen Geschwindigkeiten werden. Zugleich war es der erste Typ, der als bordgestütztes Kampfflugzeug entworfen und auch von der US Air Force geordert wurde. Ausnahmsweise nutzten zudem die beiden Kunstflugteams der US Navy und der US Air Force, die »Blue Angels« und die »Thunderbirds«, das Flugzeug zur selben Zeit. Markant an dem neuen Kampfjet waren der heruntergezogene Bug sowie

Flugzeugtyp	F-4B Phantom II
Verwendung	Jagd-/Jagdbombenflugzeug
Besatzung	2
Triebwerk	zwei General Electric J79-GE-8 mit je 75,6 kN mit Nachbrenner
Spannweite	11,71 m
Länge	17,76 m
Höhe	4,95 m
Flügelfläche	49,24 m²
Leermasse	12.654 kg
Startmasse	max. 24.857 kg
Höchstgeschwindigkeit	2413 km/h
Steiggeschwindigkeit	143 m/s
Dienstgipfelhöhe	18.290 m
Reichweite	3700 km
Bewaffnung	bis zu 7258 kg Bomben, gelenkte und ungelenkte Luft-Luft- und Luft-Boden-Raketen an fünf Aufhängepunkten

Diese F4H-1F (F-4A) der Erprobungsstaffel VF-101 stellte am 28. August 1961 unter dem Namen »Sageburner« in Bodennähe mit 1452,77 km/h einen neuen Geschwindigkeitsweltrekord über eine 3-km-Strecke auf. Es folgten weitere Rekorde, die frühzeitig das Leistungsvermögen der Phantom II demonstrierten. (Foto: National Museum of Naval Aviation Pensacola)

Eine F-4S Phantom II der Staffel VF-151 beim Start von der USS Midway Anfang der 1980er-Jahre. Aus dem Treibstoffüberlauf am Heck schießt dabei überschüssiges Kerosin. Die F-4S war die modernste und zugleich letzte Einsatzversion der Phantom II bei der US Navy. (Foto: National Museum of Naval Aviation Pensacola)

das hochgezogene Heck mit Fanghaken und den stark nach unten weisenden Höhenflossen. Nicht minder auffällig waren die angewinkelten äußeren Flügelenden mit Sägezahn. Der relativ breite Rumpf nahm das Tandemcockpit für Pilot und Radarbediener (später Waffensystemoffizier), die beiden Strahltriebwerke sowie mehrere Kraftstofftanks auf. Die Flugdauer konnte durch zusätzliche Abwurftanks sowie eine Luftbetankungssonde beträchtlich erhöht werden. Das Fahrwerk bestand aus drei Baugruppen, wobei sich die Bugradstrebe für einen besseren Anstellwinkel beim Start teleskopartig ausfahren ließ.

Der erste Prototyp startete am 27. Mai 1958 mit Robert Little am Steuer zu seinem Erstflug, im Oktober folgte auch die zweite Versuchsmaschine in die Flugerprobung. Nach Vergleichstests mit der Vought F8U-3 entschied sich die US Navy im Dezember 1958 für die YF4H-1 und ließ einen Auftrag über weitere Serienmaschinen folgen. Mit einer feierlichen Zeremonie auf dem McDonnell-Werksgelände in St. Louis wurde das Flugzeug schließlich am 3. Juli 1959 auf den Namen »Phantom II« getauft. Dieser Name sollte nun vor allem in der westlichen Welt für mehrere Generationen zu einem Synonym für ein leistungsstarkes und vielseitiges Kampfflugzeug werden.

Im Oktober 1959 stürzte der erste Prototyp aufgrund von mehreren Fehlfunktionen bei seinem 296. Flug ab, der zweite hingegen brillierte noch Ende desselben Jahres mit einem neuen Höhenweltrekord von 30.040 m. Die ersten Serienflugzeuge F4H-1F (ab 1962 F-4A genannt) wurden in weitere Testreihen eingespannt, wozu auch die Trägerqualifikation an Bord der *USS Independence*, aber auch auf dem kleineren Flugzeugträger *Intrepid* sowie auf der NAS Patuxent River, Maryland, zählten. Mit den Staffeln VF-101 sowie VF-121 wurden zwei Erprobungsstaffeln aufgestellt, die ihre F-4A vor allem zur Schulung von Flug- und Bodenpersonal nutzten. Mitunter wurden diese Maschinen deshalb auch als TF-4A bezeichnet. Mit der F4H-1 bzw. F-4B gab es die erste echte Einsatzversion, die im März 1961 erstmals flog und wiederum als erstes an die Staffeln VF-121 sowie VF-101 ging. Diese Flugzeuge besaßen das vorgesehene APG-72-Radar, ein AJB-3-Bombeneinsatzsystem für Atomwaffen, ein APR-30-Radarwarngerät, das sowohl den vorderen als auch den hinteren Bereich abdeckte, einen Infrarotsensor unter dem Rumpfbug, ein analoges Autopilot- und Flugregelsystem sowie etwas stärkere Triebwerke J79-GE-8 mit 75,6 kN Nachbrennerschub. Operationellen Einsatzstatus erlangten 1962 zuerst die Einheiten VF-74 bei der

Für einen besseren Anstellwinkel beim Start von der USS America (CV-66) hat diese F-4J ihre Bugradstrebe teleskopartig ausgefahren. Neben dem Träger schwebt ein SH-3-Rettungshubscharuber. (Foto: US DoD)

Atlantik- und VF-114 bei der Pazifikflotte der US Navy.

Bereits 1960/61 wurden mit der Phantom II mehrere Rekorde erflogen, deren krönender Abschluss der Geschwindigkeitsweltrekord am 22. November 1961 mit 2585,425 km/h darstellte. 1962 kamen noch einige Steigzeitrekorde hinzu. Ebenfalls 1962 erfolgten die ersten Einsatzfahrten von F-4B an Bord der *USS Enterprise* und *USS Forrestal*. Zwischenzeitlich hatte das US Marine Corps, zuerst VMF(AW)-314, ihre ersten F-4B im Juni 1962 bezogen. Zwölf F-4B wurden 1963 zu F-4G umgerüstet, sie dienten der Entwicklung zur Durchführung automatischer Landungen auf Trägern. Später wurden diese Flugzeuge, bis auf eine, wieder zu F-4B zurückgebaut. Daneben gab es den 1965 erstmals geflogenen Aufklärer RF-4B, der ausschließlich vom Marine Corps in 46 Exemplaren verwendet wurde. Er verfügte über Kameras, Sensoren und Seitensichtradar, aber keine Bewaffnung. Fünf F-4B, die manchmal als EF-4B bezeichnet werden, nutzte die Staffel VAQ-33 bis 1981 zur Unterstützung bei Missionen zur elektronischen Kriegsführung. Zwei Exemplare dienten mit strukturellen Modifizierungen als Forschungsflugzeuge NF-4B, andere wurden zu Drohnen QF-4B und Drohnenleitflugzeugen DF-4B umgerüstet. Während von der F-4A keine 50 Maschinen entstanden, wurden von der F-4B bis März 1967 ganze 649 Stück ausgeliefert. Innerhalb des Modernisierungsprogramms »Project Bee Line« wurden insgesamt 228 von diesen Anfang der 1970er-Jahre zu F-4N aufgewertet, erhielten strukturell verstärkte Baugruppen sowie verbesserte Avionik.

Im Mai 1966 flog mit der F-4J eine weitere Ausführung für die US Navy erstmals. Gegenüber ihren Vorgängern wurde die F-4J mit leistungsstärkeren, je 79,6 kN Nachbrennerschub leistenden Triebwerken J79-GE-10, einer verbesserter Bordelektronik inklusive AWG-10-Radaranlage sowie mit aerodynamischen Verfeinerungen, die zu besseren Langsamflugeigenschaften führten, ausgestattet. 522 Maschinen dieser Variante entstanden, von denen annähernd 300 Stück Ende der 1970er-Jahre zu F-4S modifiziert wurden. In Prototypenform flog die F-4S erstmals im Juli 1977, ab 1978 begann die Umrüstung. Die Maßnahmen beinhalteten Vorflügel für bessere Manövriereigenschaften sowie weitere Modifikationen ähnlich den F-4N-Maschinen. Von beiden gab es später auch Umbauten zu Drohnen QF-4N und S.

Nachdem Phantom der US Navy bereits während der Kuba-Krise 1962 Luftraumüberwachung von Key West, Florida, und von Flugzeugträgern aus flogen, waren sie einige Zeit später auch über Südostasien stark gefordert. Bei Ausbruch des Vietnamkriegs 1964 waren 13 Staffeln der US Navy mit F-4B ausgerüstet, VF-142 und VF-143 absolvierten mit diesem Flugzeugtyp die ersten Einsätze am 5. August von der *USS Constellation* aus. In der Folgezeit häuften sich die Einsätze der Phantom, sie griffen nordvietnamesische Ziele an und konnten am 9. April 1965 ihren ersten Luftsieg – über eine MiG-17 – verbuchen. Ab April 1965 wurden auch F-4B der Marines über Indochina aktiv und waren hauptsächlich in Südvietnam und Thailand stationiert. Die Phantom entwickelte sich zu einem

Zur VMFP-3, einer Aufklärungsstaffel der Marines, gehörten diese beiden RF-4B. Als Teil des 5. Trägergeschwaders kamen diese Flugzeuge von 1975 bis 1984 von der USS Midway aus zum Einsatz. (Foto: National Museum of Naval Aviation Pensacola)

Die beiden General Electric-Triebwerke verliehen der Phantom II, hier eine F-4N, genügend Schubkraft, um auch mit hoher Zuladung akzeptable Leistungen zu erzielen. Die F-4N waren Umrüstmaschinen ehemaliger F-4B. (Foto: National Museum of Naval Aviation Pensacola)

Vier F-4N der berühmten Staffel VF-84 (»Jolly Rogers«) über dem Grand Canyon. Der 1955 aufgestellte Verband flog die Phantom II ab 1964 in den Versionen F-4B, J und N. (Foto: National Museum of Naval Aviation Pensacola)

der am meisten und am vielseitigsten genutzten Kampfflugzeuge in diesem Konflikt, ab 1965 kamen auch die F-4G von der *USS Kitty Hawk* aus zum Einsatz. Die Marines verwendeten ab 1966 RF-4B zu Aufklärungsmissionen und die Version F-4J erreichte den Kriegsschauplatz ab 1968. US Navy und Marines verwendeten die F-4B und J bei über 100.000 Einsätzen im Vietnamkrieg, die Flugzeuge erwiesen sich als leistungsstark, mussten aber auch viele Verluste hinnehmen, vorwiegend durch gegnerische Luftabwehr am Boden. So verlor die US Navy durch Beschuss vom Boden 71 Phantom und fünf weitere im Luftkampf, das Marine Corps verlor 72 F-4, davon 65 durch Flak, sechs bei Angriffen auf Landbasen und eine im Luftkampf. Bei beiden Streitkräften wurden zusammen rund 80 weitere Phantom durch Unfälle als Verlust abgeschrieben. Für Luft-Boden-Angriffe setzten die F-4 im Vietnamkrieg verschiedene Arten von Abwurfwaffen ein, im Luftkampf waren es Sparrow- sowie Sidewinder-Raketen, mit denen rund 40 Luftsiege über MiG-17 und MiG-21 erzielt wurden. Der letzte – und der letzte Abschuss einer MiG in diesem Konflikt überhaupt – gelang am 12. Januar 1973 einer Phantom der Staffel VF-161. Als recht wirkungsvoll hatte sich das Radar herausgestellt, konnte man damit doch ohne Leitung vom Boden aus Ziele lokalisieren und bekämpfen. Hingegen erwies sich das Fehlen einer Bordkanone bei den Navy-Phantom als ungünstig, was man zunächst mit dem Einrüsten von Warn- und Störgeräten sowie Täuschkörperwerfern zu kompensieren versuchte. Die US Air Force, die ebenfalls verschiedene Versionen der Phantom II flog, rüstete ab der F-4E eine sechsläufige 20-mm-Bordkanone ein. Eine vernünftige Entscheidung, die von den Erfahrungen des Vietnamkriegs herrührte. Die US Air Force bezog übrigens seit Ende 1963 den größten Teil aller bis Oktober 1979 in den USA hergestellten 5057 F-4. Navy und Marine Corps erhielten insgesamt 1264 Exemplare, die Bestandteil von mehr als 50 Staffeln waren.

Die Navy nutzte den leistungsstarken Kampfjet bis Mai 1987, am 18. Oktober des Vorjahres hatte eine F-4S der Reservestaffel VF-202 auf der *USS America* eine letzte Trägerlandung absolviert. Das Marine Corps stellte ihre letzten F-4S im Januar 1992 außer Dienst. Allerdings verwendete die Naval Weapons Test Squadron, später VX-30 genannt, im kalifornischen Point Mugu einige QF-4N und QF-4S sowohl bemannt als auch unbemannt als Testflugzeuge und Zieldrohnen bis zum Jahr 2004.

Einsatzstaffeln (Auswahl):
VF-11, 14, 21, 31, 32, 33, 41, 51, 74, 84, 92, 96, 101, 102, 103, 111, 114, 121, 142, 143, 151, 154, 161, 171, 191, 194, 201, 202, 213, 301, 302
VMFA-112, 115, 122, 212, 232, 235, 251, 312, 314, 321, 323, 333, 334, 451, 513, 531, 542
VMCJ-1, 2, 3
VAQ-33

North American A-5 Vigilante

Schon im November 1953 begannen die Arbeiten an dem anfangs North American General Purpose Attack Weapon (NAGPAW) genannten Projekt eines Mach 2 schnellen, trägergestützten Bombers, der aus großer Höhe seine Ziele angreifen sollte. Zunächst in Eigenfinanzierung entwickelt, zeigte sich die US Navy bald beeindruckt und fügte noch einige Forderungen hinzu, die zu einem technisch ausgefeilten Flugzeug mit dem Namen Vigilante führten.

Entstanden war ein fortschrittlicher Bomber, der in Sachen Werkstoffe, aerodynamischer Formgebung und technologischen Neuheiten seiner Zeit voraus war. Hierzu zählten die automatisch verstellbaren, großen kastenförmigen Lufteinläufe samt Schubdüsen für die beiden Strahltriebwerke von General Electric, des Weiteren Störklappen, die gleichzeitig anstelle von Querrudern die Quersteuerung übernahmen. Höhen- und Seitenleitwerk waren voll beweglich, am gesamten Tragwerk kamen Aluminium-Lithium-Legierungen zur Anwendung. Ein weiteres Novum stellte ein integriertes AN/ASB-12-Trägheitsnavigationssystem einschließlich Mehrzweckradar für Navigation und Waffeneinsatz dar, das mit einem Kamerasystem und einem Digitalrechner gekoppelt war. Weitere Sensoren dienten zum Warnen und zur Störung gegnerischer Radaranlagen und ein frühes, damals noch Pilots Projected Display Indicator genanntes Head-up-Display hielt im Cockpit Einzug. Extravagant war auch die Unterbringung der Bewaffnung im zwischen den Triebwerken gelegenen Bombenschacht. Dieser wurde am

Flugzeugtyp	**A-5A Vigilante**
Verwendung	Bombenflugzeug
Besatzung	2
Triebwerk	zwei General Electric J79-GE-8 mit je 75,6 kN mit Nachbrenner
Spannweite	16,17 m
Länge	22,31 m
Höhe	5,91 m
Flügelfläche	70,05 m^2
Leermasse	15.581 kg
Startmasse	max. 27.670 kg
Höchstgeschwindigkeit	2230 km/h
Steiggeschwindigkeit	141 m/s
Dienstgipfelhöhe	18.300 m
Reichweite	3614 km
Bewaffnung	bis 2718 kg Bomben im Rumpfschacht und zwei Aufhängepunkten

Boden von unten geöffnet, mit zwei Tanks und einer gut 1000 kg schweren Mk28-Atombombe, die miteinander verbunden

Abgestellt auf dem Deckslift hat diese A-5A die lange Bugnase, Flügelenden sowie das hohe Seitenleitwerk beigeklappt. Nur so passte die große Maschine halbwegs unter Deck. (Foto: National Museum of Naval Aviation Pensacola)

Nach dem Aufsetzen auf der USS Saratoga hat diese RA-5C gleich das erste Fangseil erwischt. Bei dem Flugzeug handelt es sich um eine Umrüstmaschine, ursprünglich war sie eine der ersten Serien-A-5A in der Bomberkonfiguration. (Foto: National Museum of Naval Aviation Pensacola)

waren, bestückt und der Abwurf vom Bordrechner ausgelöst. Hierbei wurde der Heckkonus des Flugzeugs abgesprengt und die Bombe samt den Tanks mittels eines Treibsatzes nach hinten aus dem Heck ausgestoßen. Die beiden leeren Tanks sollten die Bombe im freien Fall stabilisieren, doch funktionierte das ganze System in der Praxis eher schlecht. Bomben sowie Behälter mit ungelenkten Raketen ließen sich aber auch an zwei Aufhängepunkten unter den Flügeln mitführen, was aber zumeist keine Anwendung fand. Stattdessen wurden eher Zusatztanks zur Vergrößerung der Reichweite angebracht. Zu diesem Zweck gab es auch einen Luftbetankungsstutzen und mit einem Schlauchtrommelbehälter im Rumpf konnte die Vigilante auch andere Flugzeuge betanken. Die beiden Besatzungsmitglieder, Pilot sowie Bombenschütze/Navigator, saßen hintereinander auf North American-Schleudersitzen. Für den Trägereinsatz gab es Katapultvorrichtungen, einen Fanghaken und die äußeren Enden der Flügel sowie das hohe Seitenleitwerk waren zur platzsparenden Unterbringung klappbar.

Nach einer Absichtserklärung und der Bewertung einer 1:1-Attrappe im März 1956 unterschrieben die US Navy und North American im September des gleichen Jahres einen formellen Vertrag zum Bau von zwei Prototypen YA3J-1 plus einer Bruchzelle für statische Tests am Boden. Testpilot Richard Wenzel führte den Erstflug am 31. August 1958 durch. Nur wenige Tage später, am 5. September 1958 durchstieß das Flugzeug erstmals die Schallmauer. Noch im November war auch der zweite Prototyp zum ersten Mal in der Luft, doch stürzte dieser im Juni 1959 wegen Hydraulik- und Elektrikversagens und dem damit verbundenen Verlust der Flugzeugkontrolle ab. Schon im Januar 1959 hatte die Navy einen ersten Serienauftrag für die Vigilante gegeben. Mit der sechsten Serienmaschine wurden die Trägertests an Bord der *USS Saratoga* bis Juli 1960 komplettiert, ein anderes Exemplar erflog mit 1000 kg Nutzlast am 13. Dezember 1960 eine Weltrekordhöhe von 27.872 m.

Die ersten Serienmaschinen A3J-1, ab 1962 als A-5A bezeichnet, gingen Mitte 1961 an die Staffel VAH-3 auf der NAS Jacksonville, Florida, und dienten hauptsächlich zur Schulung von Besatzungen und Bodenpersonal auf dem neuen Flugzeug. Die Staffel VAH-7 schloss die Ablösung der A3D-2 Skywarrior durch die Vigilante bis Anfang 1962 ab und absolvierte mit dem neuen Bombertyp die erste Einsatzfahrt. Diese führte an Bord der *USS Enterprise* ab August 1962 ins Mittelmeer. Ende 1962 schulte VAH-1 auf den Überschallbomber um und wurde Anfang 1963 zur dritten Einsatzstaffel, im August ging es an Bord der *USS Independence* ebenfalls ins Mittelmeer.

Die Vigilante gehörte zu den größten Flugzeugen auf den US-Trägerschiffen, wie diese Aufnahme verdeutlicht. Sie bot genug Platz für Reinigungsarbeiten, das Behandeln mit Süßwasser sollte Korrosionsschäden durch die salzhaltige Umgebung minimieren. (Foto: National Museum of Naval Aviation Pensacola)

Mit der A3J-2 (A-5B) flog im April 1962 eine verbesserte Bomberversion erstmals und wurde zunächst in 18 Exemplaren bestellt. Sie verfügte über eine erhöhte Kraftstoffkapazität im auffällig vergrößerten Rumpfrücken, angeblasene Vorflügel und größere Klappen und damit über eine größere Flügelfläche sowie nunmehr vier Pylone unter den Tragflächen. Mit diesen erhöhte sich die mögliche Waffenlast auf rund 3600 kg. Änderungen im Einsatzkonzept der US Navy vollzogen sich mit der Entwicklung strategischer U-Boot-gestützter Atom-Raketen. Die atomare Bomberrolle fiel damit weg, auch für die Vigilante. So stoppte man die Serienfertigung der A-5A nach nur 59 Maschinen, die A-5B sollte schließlich als Aufklärer RA-5C (zuvor mit A3J-3P bezeichnet) ausgeliefert werden.

Von den ursprünglich 18 bestellten A-5B wurden nur zwei Exemplare in der geplanten Bomberkonfiguration ausgeliefert, vier andere dienten der Umschulung auf den künftigen Vigilante-Aufklärer und gingen allesamt an die Staffel VAH-3. Die übrigen zwölf A-5B gingen gleich zurück ins Herstellerwerk und wurden zu RA-5C umgebaut. Die ersten dieser mit Seitensichtradar, Infrarotsensor, verschiedenen Kameras, Antennen und weiteren Geräten zur Aufklärung und für elektronische Gegenmaßnahmen ausgestatteten Flugzeuge wurden ab 1963 geliefert. Empfänger der Maschinen war dabei wiede-

Als Aufklärer RA-5C nutzte die Vigilante eine umfangreiche Ausrüstung, die wie hier zu sehen aus verschiedenen Modulen mit je nach Einsatz benötigten Kameras bestehen konnte. (Foto: National Museum of Naval Aviation Pensacola)

rum die Staffel VAH-3, ab 1965 den Einsatzaufgaben entsprechend in RVAH-3 umbenannt. RVAH-5 erhielt im Frühjahr 1964 die RA-5C und wurde im gleichen Jahr erste operationelle Vigilante-Aufklärungsstaffel, die an Bord der *USS Ranger* zum Kriegsschauplatz Vietnam abkommandiert wurde. Insgesamt zehn Navy-Einsatzstaffeln erhielten die RA-5C, von der neben den 61 A/B-Umrüstmaschinen 79 weitere Exemplare neu gebaut wurden. Während des Vietnamkriegs unternahmen diese insgesamt 32 Einsatzfahrten an Bord von Trägern und leisteten zahlreiche wertvolle Aufklärungseinsätze, anfangs ausschließlich über Südvietnam. RA-5C waren 1972 auch Teil der Operation »Linebacker« und unterstützten dabei die groß angelegten Luftangriffe der US-Streitkräfte auf nordvietnamesische Ziele. Viele dieser Einsätze mussten aber wegen Problemen mit der komplexen Technik der Vigilante abgebrochen werden. Zudem gab es 18 Verluste durch Feindeinwirkung plus fünf weitere durch Unfälle während des gesamten Kriegs in Südostasien. Dabei war der Verlust einer RA-5C der Staffel RVAH-13 am 28. Dezember 1972 der letzte in diesem Konflikt durch ein vietnamesisches Jagdflugzeug.

Mit verschiedenen Trägergeschwadern gelangte die Vigilante auch zu anderen Krisenherden wie z.B. im Nahen und Mittleren Osten, einschließlich Zypern, Israel, Pakistan und Indien. Theoretisch konnte die RA-5C dabei in der Doppelrolle als Aufklärer und Bomber eingesetzt werden und die entsprechenden Kampfmittel an den Flügel-Außenstationen mitführen. Praktisch fand dies aber keine Anwendung. Dank des um nahezu 1900 l vergrößerten internen Kraftstoffvorrats hatte die RA-5C eine Reichweite von 4265 km. Die letzten Serienexemplare erhielten nochmals stärkere Triebwerke vom Typ J79-GE-10.
Die Auflösung der Vigilante-Einsatzverbände begann ab Mai 1974. Am 21. September 1979 startete von der *USS Ranger* aus eine RA-5C zum letzten Mal von einem Flugzeugträger und im November desselben Jahres war das letzte Exemplar außer Dienst gestellt.

Einsatzstaffeln (Auswahl):
VAH / RVAH-1, 3, 5, 6, 7, 9, 11, 12, 13, 14

Die Aufklärungsstaffel RVAH-7 nutzte diese RA-5C bis in die 1970er-Jahre, zum Zeitpunkt der Aufnahme war sie auf der USS Kitty Hawk stationiert und an Fahrten in den Westpazifik beteiligt. (Foto: National Museum of Naval Aviation Pensacola)

Grumman A-6 Intruder und EA-6B Prowler

Ende der 1950er-Jahre beteiligte sich Grumman an einer Ausschreibung nach einem taktischen Jagdbomber, der mit einer zweiköpfigen Crew bei jedem Wetter Kampfeinsätze erfüllen sollte. Anfang 1958 gewann der Hersteller die Ausschreibung. Die US Navy bestellte zunächst vier, später insgesamt acht Entwicklungsflugzeuge als A2F-1, später in YA-6A umbenannt. Der Erstflug des Prototyps erfolgte am 19. April 1960, der wie weitere drei Entwicklungsflugzeuge zur Auftriebserhöhung beim Start um 23° nach unten schwenkbare Düsen erhielt. Das erwies sich aber als unnötig kompliziert und bei den nachfolgenden Maschinen waren die Schubrohre dann fest, aber leicht nach unten gerichtet, um fast den gleichen Effekt mit weniger Aufwand zu erzielen. Das vierte Versuchsmuster war als erstes mit der kompletten Avionik ausgerüstet. Diese bestach hauptsächlich durch das moderne Digital Integrated Attack Navigation Equipment (DIANE), welches das AN/APQ-92-Such- sowie das AN/APQ-112-Zielverfolgungsradar in der Bugnase aufnahm und außerdem eine Trägheitsnavigationsanlage, ein Doppler-Navigationsgerät, eine taktische Flugnavigationshilfe (TACAN), ein Radarhöhenmesser, einen Flugwerterechner, ein Freund-Feind-Erkennungsgerät sowie weitere Rechner- und Sensorbaugruppen umfasste. All dies machte das Flugzeug allerdings teuer, erschwerte die Wartung und verursachte während der Erprobung auch einige Probleme, die wiederum zu Zeitverzögerungen im gesamten Programm führten.

Flugzeugtyp	A-6E Intruder
Verwendung	Jagdbombenflugzeug
Besatzung	2
Triebwerk	zwei Pratt & Whitney J52-P-8B mit je 41,4 kN
Spannweite	16,15 m
Länge	16,69 m
Höhe	4,93 m
Flügelfläche	49,13 m²
Leermasse	12.132 kg
Startmasse	max. 27.397 kg
Höchstgeschwindigkeit	1037 km/h
Steiggeschwindigkeit	43,7 m/s
Dienstgipfelhöhe	12.700 m
Reichweite	1630 km
Bewaffnung	bis 8165 kg Bomben, Minen, gelenkte und ungelenkte Raketen an fünf Aufhängepunkten

Weitere Konstruktionsmerkmale waren Mitteldeckertragflügel mit geringer Pfeilung und großer Streckung, die auch niedrige Geschwindigkeiten auf längeren Distanzen erlaubten. Der Rumpf nahm in der Kabine leicht versetzt und nebeneinander

Landung einer EA-6B auf der USS Kitty Hawk 2007. Für weitere acht Jahre nutzte die US Navy das Störflugzeug, das Marine Corps fliegt die Maschine bis 2019. (Foto: Alexander Golz)

Die A-6A war die erste Serienversion der Intruder und wurde ab 1963 ausgeliefert. Auf der USS Kitty Hawk hat diese Maschine gerade das dritte Fangseil erwischt, die zweigeteilten Luftbremsen an den Tragflügelenden sind noch offen. Im Hintergrund eine RA-5C sowie zwei F-4B des Trägergeschwaders. (Foto: National Museum of Naval Aviation Pensacola)

Die A-6E entstand durch Neu- aber auch Umbauten älterer Maschinen. Gut zu sehen die Anordnung der Lufteinlässe und das Luftbetankungsrohr direkt vor dem Cockpit. (Foto: US DoD)

Pilot sowie Waffen/Navigationsoffizier auf. Marinetypisch waren Fanghaken und faltbare Tragflügel, vor dem Cockpit wurde ein recht auffälliger Luftbetankungsstutzen fest installiert. An externen Aufhängevorrichtungen konnten verschiedenste Waffen gegen Bodenziele – auch Atombomben – und optional auch Luft-Luft-Lenkraketen zur Selbstverteidigung mitgeführt werden. Ab Dezember 1962 erfolgte die Trägerqualifikation der A-6A an Bord der *USS Enterprise*, die ersten Serienmaschinen erreichten die NAS Oceana, Virginia, im Februar 1963 und dienten der Einsatzerprobung bei der Staffel VA-42. Nächster Empfänger wurde VA-75 und mit der Einheit VMA(AW)-242 begann auch das US Marine Corps den Einsatz der A-6A ab 1964. Die A-6B machten 19 umgebaute A-Modelle aus, die in erster Linie dazu dienten, gegnerische Luftverteidigungsanlagen zu bekämpfen. Hierfür wurden Einsatzsysteme ausgetauscht und Anti-Radar-Lenkwaffen verwendet. Diese Flugzeuge dienten ab 1967 neben A-6A in mehreren Staffeln. Die A-6C hingegen waren in der Staffel VA-165 zusammengefasst, zwölf Exemplare waren durch Umbau von A-6A im Jahre 1970 entstanden. Sie sollten vor allem nächtliche Transporte auf dem so genannten Ho Chi Minh-Pfad aufspüren und bekämpfen, erhielten dazu verschiedene Sensoren wie auch ein FLIR sowie ein Restlichtfernsehsystem.

Des Weiteren entstand als Ableitung die EA-6A für Aufklärungs- und elektronische Gegenmaßnahmen und dabei ebenfalls mehrere Maschinen durch Umrüstung plus 21 Exemplare als Neubauten. Mit zahlreichen Sensoren ausgestattet, nutzten sowohl Navy als auch das Marine Corps diese Flugzeuge, auch über Südostasien. Erst im Oktober 1993 wurde mit VAQ-33 die letzte EA-6A-Einheit aufgelöst.

Ab 1970 entstanden durch Umrüstprogramme 90 Tankflugzeuge KA-6D, die zum Standard-Lufttanker der US Navy wurden und zuerst an die Staffel VA-176 gingen. Eine kampfstärkere und mit zahlreichen Verbesserungen versehene Version stellte hingegen die A-6E dar, die im Februar 1970 erstmals flog. Neben strukturellen Verbesserungen an der Zelle profitierte sie vom Einbau eines Mehrzweckradars Norden APQ-148, welches

Hier kann man gut die Unterschiede einer A-6A Intruder (hinten) sowie einer EA-6B Prowler (vorne) ausmachen. Besonders auffällig das vergrößerte Cockpit der Prowler für vier Crewmitglieder sowie der Störbehälter auf dem Seitenleitwerk. (Foto: National Museum of Naval Aviation Pensacola)

auch kleinere Fahrzeuge und bewegliche Ziele auffasste. Ab Ende 1971 begann die Auslieferung der A-6E. Erstempfänger wurde die Staffel VA-85. Ab 1973 erreichten zudem weit über 200 zu A-6E umgerüstete, ältere Modelle, die Marineflieger. Bis 1990 gab es Modernisierungen innerhalb der A-6E, etwa in der Avionik. Herausragend war dabei ein Zielerfassungs- und Infrarotangriffssensor (TRAM – Target Recognition and Attack Multisensor) unter dem Bug, der in Verbindung mit dem Einsatz lasergelenkter Waffen stand. Mit dem APQ-156 gelangte auch ein moderneres Radar zum Einbau. Eine A-6E TRAM flog im März 1974 zum ersten Mal, doch erst zum Jahresende 1978 wurden die ersten diesem Standard entsprechenden Flugzeuge der US Navy zugeführt. Eine andere Modernisierung unter Verwendung neuerer Angriffswaffen stellten die A-6E SWIP (Systems Weapons Improvement Programm) dar. Eine nochmals vorwiegend im Elektroniksektor verbesserte A-6F Intruder II wurde ferner ab August 1987 im Flug erprobt, das Programm aber 1989 gestrichen. Ende 1990 lief die Serienproduktion der Intruder aus, bei der 693 Exemplare entstanden waren.

Die Intruder stellte die Ausgangsbasis für die EA-6B Prowler dar, welche zur elektronischen Kriegsführung konzipiert wurde und damit in weiterentwickelter Form das Einsatzschema der EA-6A fortführte. Der erste Prototyp war eine umgebaute A-6A und absolvierte am 28. Mai 1968 den Erstflug. Die Trägerqualifikation wurde an Bord der *USS Midway* durchgeführt. Ab 1971 begannen die Serienlieferungen und ab Juli desselben Jahres der Dienst bei der US Navy – zuerst in der Staffel VAQ-129.

Der verlängerte Rumpf der Prowler nahm nun vier Besatzungsmitglieder sowie eine umfangreiche Gerätetechnik für elektronische Gegenmaßnahmen sowie leistungsstärkere Triebwerke auf. Auf der Seitenflosse saß nun ein markanter ECM-Behälter, des Weiteren konnten an externen Aufhängepunkten weitere Aufklärungs- und Störbehälter mitgeführt werden. Neben dem Erkennen und Stören feindlicher Radargeräte konnten diese auch aktiv von der EA-6B mit Anti-Radar-Lenkwaffen wie der AGM-88 HARM bekämpft werden. Maschinen des Typs kamen noch ab 1972 in Südostasien zum Einsatz, als die Einheiten

Grumman E-2 Hawkeye

Flugzeugtyp	E-2C Hawkeye
Verwendung	Frühwarn- und Leitflugzeug
Besatzung	5
Triebwerk	zwei Allison T56-A-427 mit je 3800 kW
Spannweite	24,56 m
Länge	17,54 m
Höhe	5,58 m
Flügelfläche	65,03 m^2
Leermasse	17.860 kg
Startmasse	max. 24.687 kg
Höchstgeschwindigkeit	625 km/h
Steiggeschwindigkeit	12 m/s
Dienstgipfelhöhe	11.275 m
Reichweite	2585 km

Um künftig Frühwarnung aus größerer Höhe, mit mehr Sensorreichweite und über einem größeren Gebiet betreiben zu können, erfolgte schon während der Erprobung der Tracer eine konsequente Weiterentwicklung und im März 1957 stand wiederum ein Entwurf von Grumman als Sieger einer entsprechenden Ausschreibung fest. Wichtigstes Element dieses neuen bordgestützten Musters wurde ein Radar in einer scheibenförmigen Kuppel von 7,30 m Durchmesser, das auf dem Rumpfrücken des Flugzeugs sechs Umdrehungen pro Minute vollführen und damit einen Bereich von 360° erfassen sollte. Die Antenne samt Streben beeinflusste die Strömungsverhältnisse jedoch merklich und erforderte somit zusätzliche Flossen am Leitwerk. Ein Teil des Leitwerks bestand aus Verbundwerkstoffen, um störende Einflüsse auf das Radar zu vermindern. Zum selben Zweck erhielten die vierblättrigen, speziell entwickelten Hamilton-Luftschrauben der beiden Propellerturbinen einen Kunststoffüberzug. Für den Trägereinsatz waren die Flügel nach hinten faltbar ausgelegt und unter dem Heck befand sich natürlich ein Fanghaken. Neben den beiden Piloten kamen noch drei Systemoffiziere zur Besatzung, um die tonnenschwere elektronische Ausrüstung zu bedienen. Neben dem AN/APS-96-Radar zählten u.a. eine Trägheitsnavigationsanlage, ein umfangreiches Kommunikationssystem sowie eine Freund-Feind-Erkennung zu den wichtigsten Avionikbaugruppen.

Der W2F-1 genannte Prototyp absolvierte am 21. Oktober

Eine E-2A mit der noch kurzen Bugnase erhält soeben auf der USS Bennington (CVS-20) ihre Startfreigabe. Seinerzeit diente das Schiff als U-Boot-Jagd-Flugzeugträger, bis es 1970 außer Dienst gestellt wurde. (Foto: National Museum of Naval Aviation Pensacola)

Im Jahr 2010 landet diese E-2C der Staffel VAW-121 gleich auf der USS Dwight D. Eisenhower. Es handelt es sich um eine modernisierte Maschine, wie man u.a. an den Achtblatt-Propellern erkennt. (Foto: Alexander Golz)

1960 den Erstflug, eine mit kompletter elektronischer Ausrüstung versehene Maschine folgte im darauf folgenden Jahr in die Flugerprobung. Im Dezember 1962 begann die Trägererprobung an Bord der *USS Enterprise* und die zur Pazifikflotte gehörende Einheit VAW-11 begann Anfang 1964 als erste den Dienst mit dem nunmehr E-2A Hawkeye genannten Flugzeug. Die Staffel VAW-12 war Erstempfänger des Musters in der US-Atlantik-Flotte. Ende 1965 kam die Hawkeye erstmals im Indochinakrieg und von der *USS Kitty Hawk* aus zum Einsatz. Wenngleich sich von Anfang an eine Verbesserung gegenüber der Tracer bemerkbar machte, war der Wartungsaufwand hoch und die Zuverlässigkeit ließ mitunter zu wünschen übrig. Zwei der 59 gebauten E-2A dienten bei der US Navy als Trainer TE-2A und 50 weitere Exemplare wurden zur Version E-2B umgerüstet, die im Februar 1969 erstmals flog. Hier gab es vorwiegend Verbesserungen im Avionikbereich inklusive einem neuen digitalen Missionscomputer und die Zuverlässigkeit der Systeme konnte schrittweise erhöht werden. Auch die E-2B flog ihre ersten Einsätze von der *USS Kitty Hawk* aus, zuerst mit der Staffel VAW-114.

Mit der E-2C war im Januar 1971 die Nachfolgeversion erstmals in der Luft, zur ersten Einsatzstaffel wurde im November 1973 VAW-123 auf der NAS Norfolk, Virginia. Die E-2C ließ sich an der längeren Bugnase sowie einem voluminöseren Kühlereinlass auf der Rumpfoberseite vor den Flügeln von den Vorgängern unterscheiden. Die hauptsächlich im Avionikbereich angesiedelten Aufwertungen betrafen u.a. neue Navigationsgeräte, die Verdoppelung der Zentralrechnerleistung sowie ein neues Radar. Zunächst kam hier ein AN/APS-120, ab 1976 ein AN/APS-125 und ab 1980 ein AN/APS-138 zum Einbau. Letzteres galt als später Group 0 bezeichneter Standard und konnte störende Überlappungen bei der Ortung vor

Modernste Serienausführung der Hawkeye ist die E-2D mit überragenden Radar- und Sensorsystemen, verbesserten Cockpit- und Arbeitsräumen sowie weiterentwickelten Propellerturbinen. (Foto: Northrop Grumman)

Diese Hawkeye ist gerade von der USS Kitty Hawk gestartet und zieht ihr Fahrwerk ein. Trotz ihrer Größe ist die Hawkeye ein bemerkenswert agiles Flugzeug. (Foto: Alexander Golz)

allem kleinerer und auf dem Land befindlicher Ziele kaschieren, verfügte zudem über eine größere Reichweite sowie eine geringere Störanfälligkeit. Ende der 1980er-Jahre folgte der Group I-Standard, mit dem das verbesserte Radar AN/APS-139 in Verbindung mit einer erheblich größeren Rechnerleistung die Zielverfolgungsrate vervierfachte. Nächster Schritt war der Group II-Standard, der in Form von neu sowie umgebauten Exemplaren ab 1992 der US Navy zulief. Auch diesmal übertrafen die Leistungen des neuen Radars AN/APS-145 die der Vorgängermodelle. Das AN/APS-145 kann bei jedem Wetter gleichzeitig Objekte in der Luft, auf dem Meer bzw. am Boden erfassen, zugleich Freund von Feind unterscheiden sowie Maßnahmen zur elektronischen Abwehr ergreifen. Marschflugkörper und kleinere Kampfschiffe lassen sich in über 200 km und tief fliegende Flugzeuge in über 400 km Entfernung aufspüren. In normaler Flughöhe operierende Flugzeuge werden noch über eine Distanz von gut 500 km erkannt. Das überragende Radarsystem findet auch in der mit Hawkeye 2000 bezeichneten Serienversion der E-2C Verwendung, welche im April 1998 erstmals flog. Ab 2002 in Dienst gestellt, erfolgte ein Jahr später an Bord der *USS Nimitz* die erste Einsatzfahrt zum Kriegsschauplatz Irak. Im September 2009 wurde die letzte von 21 neu gebauten Maschinen und zugleich das 205. Produktionsexemplar aller Hawkeye von Northrop Grumman

ausgeliefert. Hier gibt es einige wichtige Aufwertungen vorwiegend im Inneren des Flugzeuges. Neben der satellitengestützten Navigation und Kommunikation gibt es über verschiedene Links eine Echtzeitvernetzung zu anderen Einheiten und somit einen Datenaustausch ohne Zeitverlust. Verschiedenste Daten werden durch das Cooperative Engagement Capability (CEC) genannte System miteinander verglichen, Störungen damit weitgehend minimiert und Bilder ausgemachter Ziele klarer definiert. Die Zielverfolgung wird präziser und das Ausschalten des Zieles im vernetzten Kampfverband noch wahrscheinlicher. Eine auffällige äußere Verbesserung stellen die neue achtblättrigen Propeller dar, die weniger Vibration und Lärm verursachen. Mit diesen wurden ab 2004 auch die übrigen bei der US-Marine im Einsatz befindlichen E-2C nachgerüstet.
Die neueste Baureihe E-2D Advanced Hawkeye besitzt ein nochmals leistungsstärkeres Radar von Lockheed Martin, diesmal mit einer elektronisch gesteuerten Phasenantenne AN/APY-9. Innerhalb des simultanen 360°-Scannens von Luft- und Boden(See)zielen kann mit dem AN/APY-9 ein bestimmter Sektor vom Radaroperateur ausgewählt und genauer untersucht werden. Mit vergrößerter Reichweite werden kleinere Objekte und zugleich mehr davon erkannt, neue Receiver und Prozessoren gestalten die Suche flexibler und elektromagnetische Interferenzen oder andere Störeinflüsse beeinträchtigen diese kaum in ihrer Arbeit. Mit einer modularen Bauweise wird die Wartung vereinfacht, Unterstützung liefert ein im Bug installiertes Infrarotsystem. Außerdem kommen Verbesserungen im Cockpit und dem Arbeitsraum inklusive neuen Bildschirmen und Konsolen zur Anwendung. Einer der beiden Piloten kann zudem die Radarcrew bei Bedarf als zusätzlicher Operateur unterstützen. Die vernetzte Kampfführung mit anderen Einheiten wurde durch moderne Datenlinks noch weiter verbessert.
Die T56-Propellerturbinen verfügen nun über volldigitale Kontrollen zur Optimierung von Leistung und Wirtschaftlichkeit, die Möglichkeit zur Luftbetankung wurde auch erprobt. Die E-2D erlangte im Oktober 2014 mit der Staffel VAW-125 eine eingeschränkte Einsatzbereitschaft und operierte im Folgejahr erstmals von einem Trägerschiff, der *USS Theodore Roosevelt* aus. Wunschgemäß möchte die US Navy 75 dieser Flugzeuge in Dienst stellen und bis zum Jahr 2025 die E-2C ablösen, aktuell ist gut die Hälfte der Advanced Hawkeye ausgeliefert und dient bereits in mindestens fünf Einsatzstaffeln.

Einsatzstaffeln (Auswahl):
RVAW-110, 120
VAW-11, 12, 112, 113, 114, 115, 116, 117, 121, 122, 123, 124, 125, 126

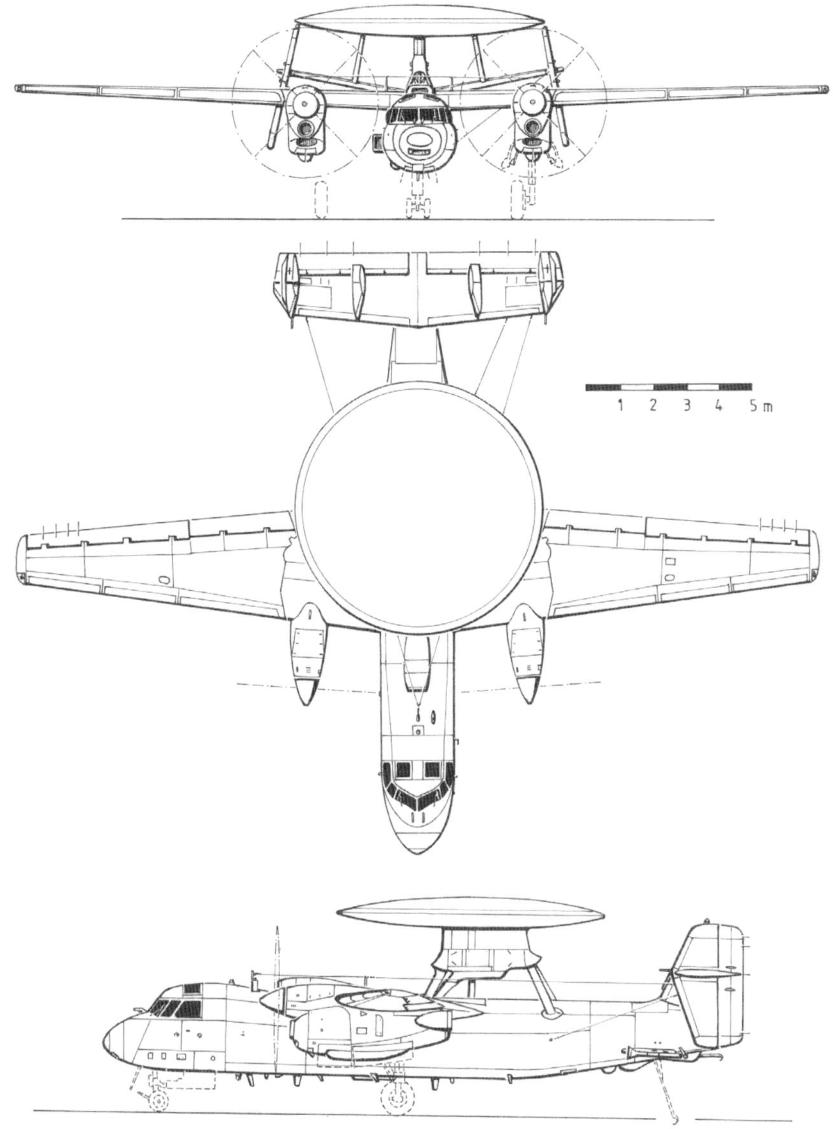

Dreiseitenriss E-2C Hawkeye (Zeichnung: Manfred Meyer)

Nur wenige Exemplare wurden als Trainingsflugzeuge TE-2A ausgeliefert, wie diese hier vom Verband RVAW-110. (Foto: National Museum of Naval Aviation)

Grumman C-2 Greyhound

In einem typischen, sechs Monate währenden Trägereinsatz können mittels Carrier Onboard Delivery (COD) gut 450 Tonnen Fracht und über 5000 Passagiere in etwa 1000 Flugstunden befördert werden. Pro Jahr absolviert jede der COD-Staffeln über 1000 Deckslandungen, wobei die C-2 Greyhound zur Zeit das wichtigste Transportmittel für eilig benötigte Güter oder auch Personal darstellt und ihre Fracht von einem Landstützpunkt bis zu einem 2000 km weit entfernten Flugzeugträger oder umgekehrt transportieren kann.
Die Konstruktion basiert auf dem Frühwarnflugzeug E-2 Hawkeye. So wurden deren Tragflächen, Teile der Flugzeugzelle und der Cockpitinstrumentierung sowie die Triebwerke samt Fahrwerk verwendet. Auch das Leitwerk wurde leicht modifiziert übernommen. Hauptunterschiede waren der Wegfall des Radoms auf dem Rumpfrücken sowie ein für Transportzwecke geeigneter Rumpf mit größerem Volumen. Hier sollten auch sperrige Lasten Platz finden und für die leichtere Be- und Entladung wurde das Rumpfheck mit einer Rampe ausgestattet. Statt Fracht können maximal bis zu 39 Passagiere in verschie-

Flugzeugtyp	**C-2A Greyhound**
Verwendung	Transportflugzeug
Besatzung	2 - 4
Antrieb	zwei Allison T56-A-425 mit je 3400 kW
Spannweite	24,56 m
Länge	17,32 m
Höhe	5,28 m
Flügelfläche	65,03 m²
Leermasse	15.310 kg
Startmasse	max. 26.082 kg
Höchstgeschwindigkeit	635 km/h
Steiggeschwindigkeit	13 m/s
Dienstgipfelhöhe	10.210 m
Reichweite	2400 km

Mit einer Sonderbemalung zum 50. Staffeljubiläum wurde diese C-2A von VRC-40 versehen. Sie wird soeben zum Start von der USS George H.W. Bush freigegeben. (Foto: US Navy)

Der Faltmechanismus der Greyhound legt die Tragflächen Grumman-typisch nach hinten ab. Damit reduziert sich die Spannweite von 24,56 m auf nur 8,94 m. (Foto: US Navy)

denen Bestuhlungsvarianten aufgenommen werden, möglich ist aber auch die Bestückung mit bis zu 20 Tragbahren für den Verwundetentransport, außerdem das Absetzen von Schlauchbooten und Spezialeinsatzkräften mittels Fallschirm.
Die Entwicklung der Greyhound nahm ab dem Frühjahr 1962 Fahrt auf, als Prototypen dienten zwei umgerüstete E-2-Flugzeugzellen. Mit der ersten dieser Versuchsmaschinen begann die Flugerprobung am 18. November 1964. Während das zweite Versuchsmuster ab 1965 die Testreihen in der Luft ergänzte, stürzte der erste Prototyp am 29. April des gleichen Jahres ab. Trotzdem wurde das Programm fortgeführt, ein erstes Produktionsexemplar unterstützte die Erprobung und diente auch der Flugzeugträgerqualifikation an Bord der *USS Kitty Hawk* ab September 1966. Noch Ende des Jahres erfolgte schließlich die Indienststellung der C-2A Greyhound.
Der Dienst mit der Greyhound wurde als erstes bei der im Oktober 1966 aufgestellten (und genau 28 Jahre später aufgelösten) Staffel VRC-50 aufgenommen, die zu diesem Zeitpunkt in Atsugi, Japan, stationiert war. Noch im selben Jahr wurden die ersten COD-Einsätze geflogen, die zwei Jahre später mit dem Vietnamkrieg eine erhebliche Ausweitung erfuhren. Zehn Greyhound übernahmen vom philippinischen Stützpunkt Cubi Point aus die direkte Versorgung der Flugzeugträgerverbände der 7. US-Flotte, die im Südchinesischen Meer bis in den Golf von Tonkin kreuzten. Zwischenzeitlich gingen weitere dieser Flugzeuge an die Staffel VR-24, die im Vietnamkrieg ebenfalls die amerikanische Task Force 77 unterstützte. Im Einsatz ergänzten die Greyhound hauptsächlich die kleineren C-1 Trader, der Serienbau wurde Ende 1967 vorerst beendet. Dabei war die ursprüngliche Order über 29 Serienmaschinen um zwölf Exemplare gekürzt worden.
Im Laufe der 1970er-Jahre wurde durch die Air Rework Facility im kalifornischen San Diego eine Modernisierung als Service Life Extension Programme (SLEP) durchgeführt, die unter anderem eine Verstärkung der inneren Tragflügelsegmente, die Überholung der Triebwerke sowie einen wirksameren Korrosionsschutz beinhaltete. Bis Anfang der 1980er-Jahre sank der Klarstand der Greyhound-Flotte dennoch auf höchstens ein Dutzend Flugzeuge, vier C-2 waren außerdem durch Havarien verloren gegangen. Das Einsatzende der in den 1960er-Jahren gefertigten Greyhound schien absehbar, zeitgleich verringerte sich auch die Zahl der zur Ausmusterung anstehenden C-1 Trader. Sechs als Umrüstmaschinen des U-Boot-Jägers S-3 Viking entstandene COD-Flugzeuge US-3A stellten nur eine Zwischenlösung dar

Die C-2 ist seit Jahrzehnten ein bewährtes Muster im COD-Einsatz (Carrier-Onboard-Delivery) und kann bis zu 4500 kg Nutzlast über eine Strecke von annähernd 2000 km transportieren. Diese interessante Ansicht zeigt ein Exemplar, das noch nicht über die modernisierten Triebwerke mit achtblättrigen Propellern verfügt. (Foto: US Navy)

und erfüllten die Anforderungen aufgrund einer kleineren Frachtkabine sowie der fehlenden Heckladeklappe nur ungenügend. Ein komplett neues Muster ließ sich nicht so einfach finanzieren, sodass ein Neustart der Greyhound-Produktion nahelag.

In Mehrjahresverträgen wurden ab 1982 insgesamt 39 neue Greyhound bestellt, die manchmal auch als C-2A (R) bezeichnet werden und damit auf die neu beschafften Serienflugzeuge hindeuten. Eine erste Maschine aus der wieder aufgenommenen Fertigung flog im Februar 1985 und ging an die seinerzeit in Sigonella, Italien, stationierte Staffel VR-24. Auch wurden nachfolgend die Einheiten VRC-30-, 40- und 50 beliefert, ebenso die Trainingsstaffeln VAW-110 in Miramar, Kalifornien, sowie VAW-120 in Norfolk, Virginia. Letztgenannter Verband übernimmt bis heute das Training von C-2- wie auch E-2 Hawkeye-Crews.

Während die Maschinen des ersten Bauloses bis 1987 außer Dienst gestellt wurden, führten die 39 von 1985 bis 1990 gebauten Greyhound auch einige Neuerungen ein. Hierzu zählen leistungsstärkere T56-Triebwerke, eine neue bordeigene Hilfsturbine, modernisierte Avionik einschließlich Radar sowie strukturelle Verstärkungen. Für vielfältige Transportaufgaben waren auch diese Flugzeuge schon bald gefordert. Konflikte auf dem Balkan, die Operationen im Irak und Afghanistan benötigten einen großen logistischen Aufwand und die Greyhound der US-Marine leisteten ihren Beitrag. Die anspruchsvollen Einsätze erforderten lebensdauerverlängernde Maßnahmen, die an Flugzeug und Einzelbaugruppen durchgeführt werden mussten. Mit strukturellen Modifikationen sollte die Lebensdauer von 10.000 auf 15.000 Flugstunden ausgedehnt werden, was bis zu 36.000 Trägerlandungen ermöglicht. Der Avioniksektor wurde ebenso modernisiert und mit GPS sowie einem neuen trägergestützten Navigationssystem und Kollisionswarngerät aufgewertet. Wie schon bei der Hawkeye ersetzten effektivere und leisere Propeller mit acht sichelförmigen Blättern die zuvor verwendeten klassischen Vierblatt-Propeller. Bildschirme und Missionscomputer hielten im Cockpit Einzug. Eine erste Upgrade-Maschine wurde Ende 2005 übergeben, die Modernisierung soll einen sicheren Einsatz für weitere Jahre gewährleisten. Die US Navy kann sich derzeit einen Einsatz der C-2 bis zum Jahr 2028 vorstellen. Eine vom Hersteller Northrop Grumman vorgeschlagene, nochmals modernisierte Greyhound wurde dagegen abgelehnt. Die endgültige Ablösung wird durch die CMV-22B genannte Langreichweitenversion des Kipprotorflugzeugs Osprey erfolgen.

Einsatzstaffeln (Auswahl):
VR-24
VRC-30, 40, 50

North American Rockwell OV-10 Bronco

Unter der Programmbezeichnung LARA (Light Armed Reconnaissance Aircraft) sollte Anfang der 1960er-Jahre ein leicht bewaffneter Aufklärer entstehen, der den Bedürfnissen aller US-amerikanischen Teilstreitkräfte entsprechen und damit möglichst geringe Kosten verursachen sollte. Elf Unternehmen reichten Vorschläge dazu ein, im August 1964 erhielt North American mit seinem unter der Firmenbezeichnung NA-300 entwickelten Design den Zuschlag.

Sieben Prototypen YOV-10A wurden in Auftrag gegeben, der Erstflug fand am 16. Juli 1965 statt. Die ersten sechs Versuchsmaschinen erhielten zwei Garrett-Propellerturbinen T76-G-6 mit je 447 kW Leistung als Antrieb, das siebte Exemplar vergleichbare T74-CP-8/10 von Pratt & Whitney. Die Triebwerke mit einem jeweils dreiblättrigen Propeller waren an den geraden Schulterdeckertragflügeln angebracht und verjüngten sich als Leitwerksträger zum Heck. Zwischen diesen war an der Oberkante die gerade Höhenflosse befestigt, der Gondelrumpf nahm u.a. ein Doppler-Radar, Kameras sowie die Besatzung in Tandemanordnung und auf Schleudersitzen in einem Cockpit mit sehr guter Rundumsicht auf. Am Ende des Gondelrumpfes befand sich eine Ladetür, möglich war auch die Mitnahme von bis zu fünf Fallschirmjägern oder zwei Verletzten auf Tragen. Das einziehbare Bugradfahrwerk erlaubte den Einsatz von kurzen, unbefestigten Pisten. Ferner war eine Ausstattung mit Schwimmern oder Kufen möglich. Die Grundbe-

Flugzeugtyp	**OV-10D Bronco**
Verwendung	Aufklärungs- und COIN-Flugzeug
Besatzung	2
Triebwerk	zwei Garrett T76-G-420/421 mit je 776 kW
Spannweite	12,19 m
Länge	13,41 m
Höhe	4,62 m
Flügelfläche	27,03 m^2
Leermasse	3127 kg
Startmasse	max. 6563 kg
Höchstgeschwindigkeit	463 km/h
Steiggeschwindigkeit	15,3 m/s
Dienstgipfelhöhe	9145 m
Reichweite	960 km
Bewaffnung	vier 7,62-mm-MG M60C mit je 500 Schuss sowie bis 1633 kg Bomben, Raketen- und MG-Behälter, gelenkte und ungelenkte Luft-Luft- und Luft-Boden-Raketen an sieben Aufhängepunkten

Auf diesem aus dem Jahr 1983 stammenden Bild wird gerade eine OV-10A der Marines-Staffel VMO-1 auf den Lift der USS Nassau (LHA-4) geschoben. (Foto: US DoD)

Das US Marine Corps brachte die Bronco auch von den sogenannten amphibischen Angriffsschiffen aus zum Einsatz. Hier rollt eine OV-10A auf der USS Nassau zum Start. Die agile Maschine brauchte keine Katapultunterstützung. (Foto: US DoD)

waffnung stellten vier 7,62-mm-MG in seitlichen Rumpfwülsten dar, an sieben weiteren Stationen unter Flügeln und Rumpf ließen sich beispielsweise verschiedene Sprengbomben, ungelenkte 70- und 127-mm-Luft-Boden-Raketen, Napalmbehälter, ein GPU-2A-Kanonenbehälter mit einer 20-mm-Waffe oder auch Sidewinder-Luftkampfraketen zum Selbstschutz anbringen. Mit den Erfahrungen aus dem Testprogramm wurde die Spannweite des Flugzeugs um 3,05 m vergrößert und die Leistung der T76-Triebwerke auf jeweils 525 kW erhöht. Selbstversiegelnde Tanks, Panzerung und zusätzliche Kommunikationsgeräte sollten die Überlebensfähigkeit verbessern. Eine erste Serienmaschine der nun Bronco genannten OV-10A flog am 6. August 1967. Im gleichen Jahr fusionierte North American mit Rockwell, sodass das Programm unter letzterem Firmennamen fortgeführt wurde. Im Jahr 1968 begann das Hochfahren der Produktion und die Ausrüstung des Marine Corps mit dem neuen Flugzeug.

Die im kalifornischen Camp Pendleton stationierte Einheit VMO-5 (später HML-267 genannt) begann ab Februar 1968 mit dem Training auf der Bronco, bis zu vier Maschinen standen dafür bis September 1971 zur Verfügung und gingen dann in den Bestand der Staffel VMO-2 auf. VMO-2 verwendete ab dem 8. Juli 1968 als erste die OV-10A bei Kampfeinsätzen über Indochina und operierte dabei vom östlich von Da Nang gelegenen Flugfeld Marble Mountain aus. Die Flugzeuge wurden dort zur Fliegerleitung und in der COIN-Rolle (**CO**unter**IN**surgency = Aufstandsbekämpfung) benutzt, allein in den ersten sechs Wochen waren es 250 Kampfeinsätze. 1970 wurden die VMO-2-Broncos nach Da Nang, im Frühjahr 1971 nach Cubi Point auf die Philippinen verlegt. Letztlich waren es zehn Einheiten einschließlich Entwicklungs- und Trainingsstaffeln, die beim Marine Corps und der US Navy Broncos flogen. Zumeist verfügte jede der Einsatzstaffeln über insgesamt 18 Flugzeuge, hauptsächlich in der Ausführung OV-10A.

Seit Ende 1968 gab es mit VAL-4 auf der NAS North Island auch die erste Staffel der US Navy als Nutzer der Bronco, ab April 1969 gelangten auch diese Maschinen zum Dienst nach Vietnam. Sie verblieben dort bis Anfang 1972 und absolvierten vorwiegend über dem Mekong-Delta Kampfeinsätze. Hier wurden auch Spezialeinheiten der amerikanischen Streitkräfte unterstützt, die Einsätze oft paarweise geflogen. Des weiteren hatte VS-41 von 1968 bis 1972 vier Maschinen im Bestand, die Trainingszwecken auf der NAS North Island in Kalifornien dienten.

Während des Kriegs in Südostasien wurden acht OV-10 des Marine Corps sowie sechs der US Navy abgeschossen, weitere gingen durch Havarien verloren. Im Jahre 1969 wurden auf Betreiben des Marine Corps zwei Maschinen zur Allwetter/Nachtangriffsvariante OV-10D NOGS (Night Observation Gunship System) umgerüstet und 1970 zunächst beim Naval Weapons Center in China Lake, Kalifornien, bewertet. Sie erhielten im verlängerten Rumpfbug einen Infrarotsensor mit Laserzielmarkierer und unter dem hinteren Rumpfabschnitt einen um 360° drehbaren Waffenturm mit einer dreiläufigen 20-mm-Kanone XM-197 sowie einen verstärkten Antrieb mit insgesamt 480 kW Leistungszuwachs. Diese Konfiguration wurde im Verlauf des Jahres 1972 auch über Vietnam in mehr als 200 Kampfeinsätzen getestet, wobei die beiden OV-10D der Navy-Einheit VAL-4 unterstellt waren. Die Erfahrungen mit diesen Flugzeugen führten Jahre später zur Umrüstung von knapp 20 Exemplaren in OV-10D NOS (Night Observation Surveilance). Hierbei wurde auf den drehbaren Waffenturm verzichtet, es gab zusätzliche Aufhängepunkte sowie Täuschkörperwerfer. Der Einsatz dieser Flugzeuge beim Marine Corps erfolgte ab 1979, in den 1980er-Jahren erhielten diese wie auch knapp zwei Dutzend OV-10A weitere Aufwertungen in Form von neuen Warn- und Störsensoren, ferner im Cockpitbereich etwa mit einfachen Bildschirmen auf Röhrenbasis oder erweiterter Funkausrüstung. Die Bezeichnung änderte sich in OV-10D+.

Gelegentlich starteten Broncos auch von amphibischen Angriffsschiffen der *Tarawa*-Klasse aus zu Einsätzen, relativ spät, im Jahr 1983, landete eine der Maschinen während des Manövers »Solid Shield« zum ersten Mal auf einem solchen Schiff, der *USS Nassau*. Später waren OV-10 des Öfteren auf diesen Schiffen anzutreffen, in Vorbereitung zur Operation »Desert Storm« starteten sie auch von den Trägern aus.

Mit VMO-1 und VMO-2 waren zwei Bronco-Staffeln nach Saudi-Arabien gelangt, um in den Golfkrieg von 1991 einzugreifen. Während die fünf OV-10A und sieben OV-10D+ von VMO-1 vor der Küste Spaniens von den Flugzeugträgern *USS America* und *Theodore Roosevelt* starteten und dann weiter ostwärts nach Saudi-Arabien flogen, absolvierten drei OV-10A sowie drei OV-10D+ von VMO-2 eine groß angelegte Überführung ins Krisengebiet. Von Anbeginn an den Kampfhandlungen beteiligt, konnten Dutzende irakische Panzer, Fahrzeuge und Geschütze während der Operation »Desert Storm« außer Gefecht gesetzt werden. Auch dienten die OV-10 zur Lokalisierung von Zielen und der Koordinierung von Luftangriffen anderer Kampfflugzeuge. VMO-1-Broncos absolvierten in diesem

Die US Navy nutzte ebenfalls, wenn auch in geringerem Umfang als das Marine Corps, die Bronco. Die Maschine im Vordergrund gehört wie die begleitende S-2E Tracker zur Staffel VS-41 und befindet sich auf einem Trainingsflug vor der kalifornischen Küste. (Foto: National Museum of Naval Aviation Pensacola)

Krieg über 1000 Einsätze, die Maschinen von VMO-2 weitere 286. Beide Einheiten verloren je eine Bronco durch die gegnerische Luftabwehr am Boden. Nach dem Golfkrieg begann die Außerdienststellung des Flugzeugs und das Marine Corps schloss diese Mitte 1994 ab. Navy und Marines hatten rund 115 aller 360 hergestellten Broncos erhalten.

Einsatzstaffeln (Auswahl):
HMT-303
VAL-4
VMO-1, 2, 4, 5, 6, 8
VS-41

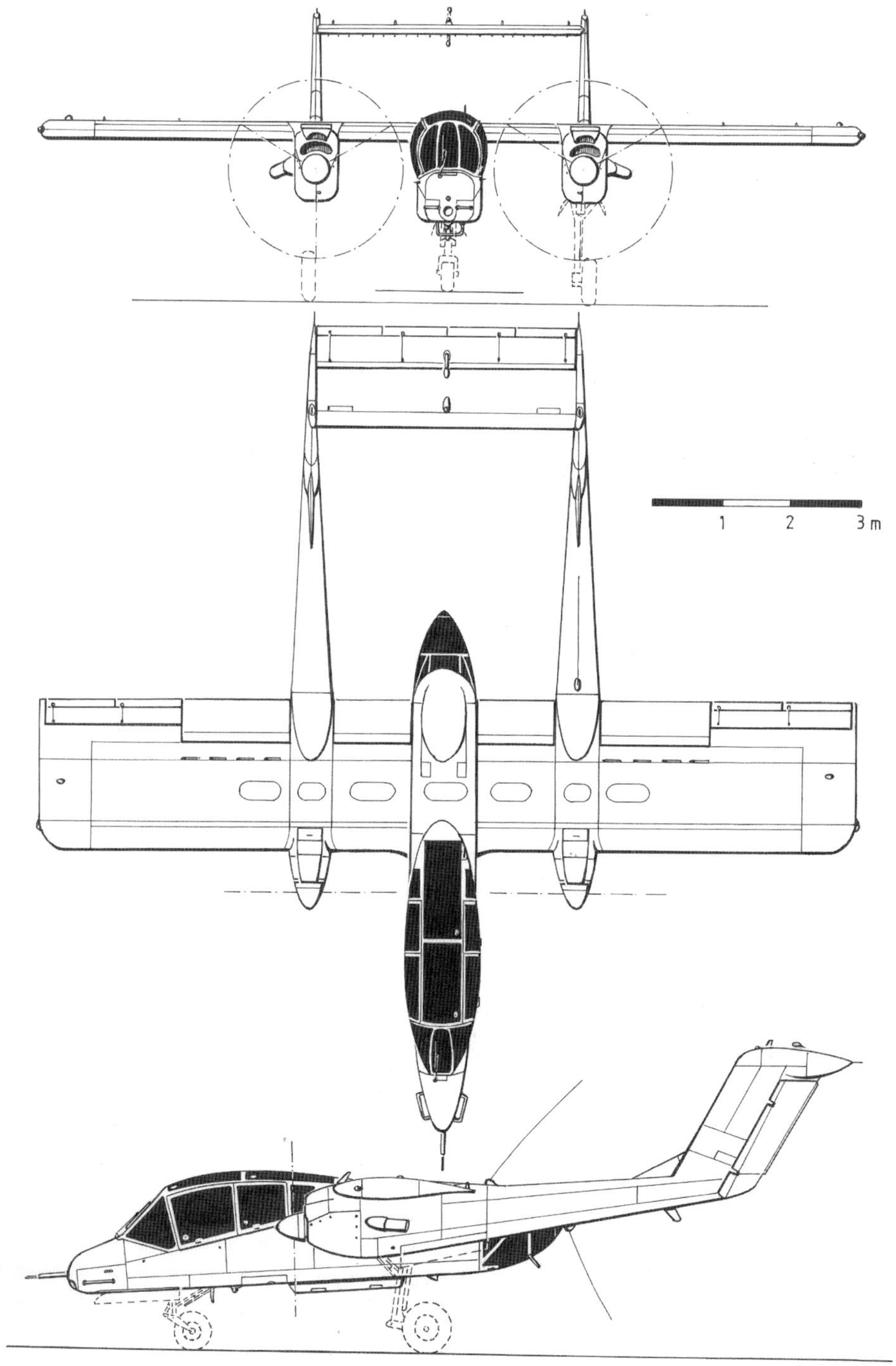

Dreiseitenriss OV-10 Bronco (Zeichnung: Manfred Meyer)

Vought A-7 Corsair II

Wie unschwer zu erkennen, lehnt sich die Konstruktion der A-7 Corsair II an die F-8 Crusader an, war aber von vornherein nur für den Unterschallbereich konzipiert. So hatte das Triebwerk keinen Nachbrenner und das Tragwerk mit 35° eine geringere Vorderkantenpfeilung. Ebenso verzichtete man bei der A-7 auf den Hubmechanismus der Tragflächen zur Erhöhung des Anstellwinkels. Charakteristisch war hingegen auch hier ein unter der Bugnase platzierter Lufteinlass, der kurz hinter dem Rumpf begann. Dies führte bei Katapultstarts jedoch anfangs zu Problemen durch das Ansaugen von Dampf und damit verbundenem Schubverlust. Durch leistungsstärkere Triebwerke sowie Modifizierungen an den Katapultsystemen konnte das später verringert werden. Beiderseits des Lufteinlasses kamen zwei 20-mm-Kanonen Colt Mk12 mit je 250 Schuss zum Einbau und weiter hinten am Rumpf an jeder Seite ein Pylon für Luftkampfraketen zur Selbstverteidigung. Abwurfwaffen fanden an Tragflügelstationen Platz, wo auch Sensorbehälter oder Zusatztanks mitgeführt werden konnten. Zusätzlich konnte die Flugdauer mittels der im Bug installierten Luftbetankungssonde erhöht werden. Unter dem Rumpf befand sich eine gewaltige Bremsklappe und weiter hinten der Fanghaken. Wichtige Avionikbaugruppen waren ein AN/APN-153-Doppler-Radar plus Radarhöhenmesser sowie ein Flugdatenrechner. Der Pilot verfügte über Cockpitpanzerung und einen Schleudersitz von Douglas.

Flugzeugtyp	**A-7E Corsair II**
Verwendung	Jagdbombenflugzeug
Besatzung	1
Triebwerk	ein Allison TF41-A-2 mit 66,8 kN
Spannweite	11,81 m
Länge	14,06 m
Höhe	4,90 m
Flügelfläche	34,84 m^2
Leermasse	8676 kg
Startmasse	max. 19.051 kg
Höchstgeschwindigkeit	1123 km/h
Steiggeschwindigkeit	64,2 m/s
Dienstgipfelhöhe	13.100 m
Reichweite	2200 km
Bewaffnung	eine sechsläufige 20-mm-MK M61A1 Vulcan mit 1032 Schuss sowie bis 6804 kg Bomben, Minen, Raketenbehälter, gelenkte und ungelenkte Luft-Luft- und Luft-Boden-Raketen an acht Aufhängepunkten

Bei diesem farbenprächtigen Exemplar handelt es sich um eine A-7B, die als zweite Serienversion 1968 ihren Dienst bei der US Navy aufnahm und bis zum Folgejahr in 196 Exemplaren gebaut wurde. (Foto: National Museum of Naval Aviation Pensacola)

Für die US Navy wurde die A-7E zur Hauptserienversion der Corsair II, über 500 Stück wurden ab 1969 ausgeliefert. Dieses Paar diente in der Angriffsstaffel VA-72 auf der USS America. (Foto: National Museum of Naval Aviation Pensacola)

Eine A-7B auf der USS Oriskany rollt von ihrer Parkposition am Heck des Trägers zum Start; die Tragflächen sind noch aufgestellt. Gut erkennt man unter dem Cockpit rechts die Luftbetankungssonde. (Foto: National Museum of Naval Aviation Pensacola)

Die A-7 entstand aufgrund einer Navy-Ausschreibung vom Juni 1963 nach einem einsitzigen, bordgestützten Jagdbomber für die leichten Angriffsstaffeln. Noch im November 1963 stand Vought, zu jener Zeit und bis 1977 bekannt als Ling-Temco-Vought (LTV), mit seinem Entwurf V-463 als Gewinner der Ausschreibung fest. Im Februar des darauf folgenden Jahres gab die US Navy den Auftrag zur Prototypenentwicklung heraus, der zusammen sieben Entwicklungsflugzeuge vorsah und die Order von 35 Serienmaschinen einbezog.

Die Entwicklung schritt zügig voran, Testpilot John Konrad begann am 27. September 1965 mit einer YA-7-Versuchsmaschine die Flugerprobung. 1966 wurde die Serienproduktion aufgenommen, Trägererprobungen an Bord der *USS America* absolviert und erste Exemplare im Spätherbst den Staffeln VA-174 an der Ost- und VA-122 an der Westküste zugeführt. Hier erfolgte zunächst die Umschulung auf den neuen Flugzeugtyp, VA-147 hingegen wurde 1967 erste operationelle Staffel der A-7A und unternahm noch im gleichen Jahr die erste Einsatzfahrt an Bord des Trägers *USS Ranger*. In Anlehnung an die seinerzeit erfolgreiche F4U Corsair hatte die A-7 schon im November 1965 den Zusatznamen »Corsair II« erhalten.

Nachdem der Serienbau angelaufen war und die A-7A ab 1967 als einsatzbereit galt, flog im Februar 1968 die Version A-7B erstmals. Hauptunterschied zum Vorgänger war das modifizierte TF30-Triebwerk, das nunmehr 54,3 statt 50,5 kN Schub erzeugte. Noch 1968 begannen die Einheiten VA-146 und VA-215 mit dem Einsatz des Musters. Im März 1969 flog die verbesserte A-7E, die von den Neuerungen der von der US Air Force bestellten A-7D profitieren sollte. In erster Linie handelte es sich dabei um die Einrüstung des TF41-Triebwerks, das die von Allison produzierte Lizenzausgabe des britischen Rolls-Royce Spey darstellte. Des weiteren ersetzte man die beiden Bordkanonen durch eine schneller feuernde M61 Vulcan mit sechs Läufen und es kam eine modernere Hydraulik sowie Avionik zum Einbau. Hierzu zählten eine Doppler-Trägheitsnavigationsanlage, ein neues Radar- und Angriffssystem sowie ein Head-up-Display für den Piloten. Durch Verzögerungen in der Herstellung des Triebwerks wurden die ersten 67 Exemplare noch mit dem TF30-P-5 ab Mitte 1969 ausgeliefert und als A-7C bezeichnet.

Anfang 1991 sind diese A-7E auf der USS John F. Kennedy aufgereiht, um vom Roten Meer aus in das Kampfgeschehen der Operation »Desert Storm« einzugreifen. Unter den Flügelaufhängungen tragen sie Clusterbomben mit Submunition. (Foto: National Museum of Naval Aviation Pensacola)

Zwei A-7 in der Frontalansicht. Markant ist der große Lufteinlass unter dem Rumpfbug, der das nachbrennerlose Strahltriebwerk versorgt. (Foto: Vought Aircraft Industries, Inc.)

Die A-7E war schließlich 1970 einsatzklar und wurde ab Ende 1977 mit einem extern mitgeführten Infrarot-Zielbehälter von Texas Instruments nachgerüstet, um auch bei Nacht präzise Angriffe fliegen zu können. Zur selben Zeit waren 27 Navy-Staffeln mit der A-7E ausgerüstet, zwei befanden sich jeweils auf einem Flugzeugträger. Mit 535 bis 1983 ausgelieferten Exemplaren war die A-7E wichtigste Bauvariante für die US Navy, von der A-7A wurden 199 und von der A-7B 196 Flugzeuge hergestellt.

Eine weitere Ausführung gab es mit der doppelsitzigen TA-7C als Kampftrainer. Der Demonstrator einer mit Tandemcockpit versehenen Variante und entsprechend gestrecktem Rumpf war bereits im August 1972 geflogen. Nach einer entsprechenden Bewertung durch Marinefliegerpersonal wurden 24 A-7B und 36 A-7C in TA-7C umgebaut und ab 1977 an die Staffeln VA-122 und VA-174 übergeben. Acht dieser Trainer wurden 1982 zu elektronischen Störflugzeugen EA-7L modifiziert und von der Staffel VAQ-34 als »Aggressorflugzeuge« zum Simulieren des Gegners und dessen Einsatztaktiken geflogen.

Im Einsatz erwiesen sich die Corsair II als zuverlässig und flexibel, robust und wartungsfreundlich. Sie wurden massenhaft in Vietnam eingesetzt und erlebten dort ihre Feuertaufe. Zuerst waren es A-7A von VA-147, die mit der *USS Ranger* 1967 zum Kriegsschauplatz gelangten und am 4. Dezember erste Angriffe auf nordvietnamesische Ziele flogen. Ergänzt wurden diese Maschinen ab 1969 durch A-7B, die zuerst mit der *USS Enterprise* den Golf von Tonkin erreichten sowie durch A-7C auf der *USS America* und schließlich durch die Variante A-7E ab Mai 1970 ebenfalls an Bord der *USS America*.

Insgesamt flogen A-7 der US Navy mehr als 77.300 Kampfeinsätze. Sie dienten der Luftnahunterstützung über Nord- und Südvietnam, waren Teil der »Iron Hand«-Missionen zur Bekämpfung der radargesteuerten Fliegerabwehr, verminten 1972 den Hafen von Haiphong und spielten im gleichen Jahr eine wichtige Rolle bei der Bombardierung nordvietnamesischer Ziele innerhalb der Operationen »Linebacker I« und »Linebacker II«. Während dieser und anderer Einsätze wurden 54 Corsair abgeschossen – weitere 42 verlor die US Navy durch Unfälle.

Jahre später, 1983, flogen amerikanische A-7 über Grenada und kurze Zeit darauf griffen A-7 auch in den Bürgerkrieg im Libanon ein. So flogen am 4. Dezember 1983 zwölf A-7E der Einheiten VA-15 und VA-87 im Verband mit A-6 Intruder und Begleitschutz bietenden F-14 Tomcat Angriffe auf syrische Stellungen mit »Rockeye«-Clusterbomben. Beim Versuch, die Besatzung einer getroffenen A-6 zu unterstützen, wurde eine A-7 abgeschossen. Eine zweite, ebenfalls von einer Flugabwehr-Rakete getroffene A-7 konnte hingegen sicher auf der *USS Independence* landen. Im März 1986 griffen A-7E der *USS Saratoga* libysche Flugabwehrstellungen an, im darauf folgenden April wurden weitere libysche Ziele im Rahmen der Operation »El Dorado Canyon« anvisiert. Hierbei starteten die A-7E der Staffeln VA-46 und VA-82 von der *USS America* aus und feuerten HARM- sowie Shrike-Lenkwaffen ab. A-7 griffen auch in den so genannten Tankerkrieg ein, der Teil der irakisch-iranischen Auseinandersetzungen in den 1980er-Jahren war und attackierten maritime Ziele sowie Ölplattformen des Iran. An Bord der *John F. Kennedy* gelangten die Navy-Staffeln VA-46 und VA-72 mit annähernd 20 A-7E ins Rote Meer, um 1991 im Golfkrieg gegen den Irak rund 800 Einsätze zu absolvieren. Nach dem Golfkrieg wurden die beiden Staffeln im März 1991 aus dem Dienst genommen, bis 1993 war die Corsair II aber noch Teil der Naval Air Reserve.

In ihrer Glanzzeit hatte die A-7 in 32 Navy-Einheiten auf insgesamt 16 Flugzeugträgern gedient. Das US Marine Corps beschaffte hingegen keine Corsair II sondern entschied sich für eine verbesserte Skyhawk als A-4M.

Einsatzstaffeln (Auswahl):
VA-12, 15, 22, 25, 27, 37, 46, 52, 56, 72, 81, 82, 83, 86, 87, 93, 94, 97, 105, 113, 122, 124, 125, 146, 147, 153, 155, 174, 192, 195, 203, 204, 205, 215, 303, 304, 305

BAe Systems / McDonnell Douglas AV-8 Harrier und Harrier II

Die Einführung des Senkrechtstarters Harrier beim US Marine Corps steht im Zusammenhang mit einer Reorganisation der fliegenden Komponente dieser Streitkraft, welche sich nach den Erfahrungen im Vietnamkrieg neu ausrichtete. Aus versteckten Stellungen oder von Landungsschiffen aus anzugreifen, ohne lange Pisten oder Katapultvorrichtungen zu benötigen, brachte unübersehbare Vorteile. Ein senkrecht startendes und landendes Flugzeug konnte in unmittelbarer Gefechtsnähe operieren, schnell wieder aufmunitioniert und mit fast Schallgeschwindigkeit erneut ins Kampfgebiet fliegen.

Der britische Hersteller Hawker Siddeley lieferte mit der Harrier eine brauchbare Plattform für ein solches Szenario ab, die bereits ab den 1950er-Jahren entwickelt und von den USA mitfinanziert wurde. 1968 flogen Marine Corps-Piloten das Serienmodell, Verhandlungen zur künftigen Beschaffung des Flugzeugs führten zum Kauf von zunächst zwölf als AV-8A Harrier bezeichnete Maschinen. Nach dem Erstflug einer AV-8A am 20. November 1970 wurden die ersten Exemplare im Februar 1971 ausgeliefert und kurz darauf Teil der Angriffsstaffel VMA-513 auf der Marine Corps Air Station Yuma, Arizona. Im Januar 1972 erfolgte die Verlegung von VMA-513-Harrier auf die *USS Guam* und eine Fahrt in den Nordatlantik.

In mehreren Losen erhielten die Marines insgesamt 110 Maschinen, die in Großbritannien gefertigt und mit nur geringfü-

Flugzeugtyp	**AV-8B Harrier II Plus**
Verwendung	Jagdbombenflugzeug
Besatzung	1
Triebwerk	ein Rolls-Royce F402-RR-408 mit 105,87 kN
Spannweite	9,24 m
Länge	14,55 m
Höhe	3,55 m
Flügelfläche	22,18 m²
Leermasse	6764 kg
Startmasse	max. 14.061 kg
Höchstgeschwindigkeit	1093 km/h
Steiggeschwindigkeit	190 m/s
Dienstgipfelhöhe	15.250 m
Reichweite	890 km
Bewaffnung	bis 5350 kg Bomben, Kanonen-, Waffen- und Raketenbehälter, gelenkte und ungelenkte Luft-Luft- und Luft-Boden-Raketen an neun Aufhängepunkten

Von einem Radar in einer neuen Bugverkleidung profitierte die Baureihe Harrier II Plus. Es weitete die Allwetterfähigkeit und den Einsatz gelenkter Waffen aus, zusätzlich gab es ein verstärktes Triebwerk, eine höhere Zuladung sowie verbesserte Flugeigenschaften. (Foto: US Navy)

Für ihre speziellen Einsatzanforderungen wählten die Marines die Harrier aus, auch wenn die erste Generation des Senkrechtstarters durch wenig Effizienz und eine hohe Unfallrate gekennzeichnet war. Mehr als ein Drittel aller AV-8A stürzten ab. (Foto: National Museum of Naval Aviation Pensacola)

gigen Änderungen amerikanischen Standards angepasst wurden. Dazu zählten Teile der Avionik, Funkausrüstung sowie der Bewaffnung. Das letzte, 1976 abgelieferte Baulos für die Marines umfasste auch acht zweisitzige Trainer TAV-8A, die halfen, die anfänglich hohe Unfallrate merklich zu senken.
Gut ein Drittel wurde ab 1979 auf den verbesserten Standard AV-8C gebracht, inklusive Luftleitblechen unter dem Rumpf sowie einem Radarwarnempfänger. Die Flugzeugzelle erfuhr eine Verlängerung der Lebensdauer um zusätzliche 4000 Stunden. Vier Marines-Einheiten flogen die erste Harrier-Generation bis zur Außerdienststellung 1987.

In der Frontalansicht bietet die AV-8B einen imposanten Anblick. Mächtige Lufteinlässe versorgen das einzelne Triebwerk mit seinen zwei gegabelten Schubrohren. Die blasenförmige Cockpithaube bietet ausgezeichnete Sicht. (Foto: US Navy)

Trotz der hohen Unfallrate und teils harter Kritik aus dem US-Verteidigungsministerium hatte sich das Konzept der Harrier als wirkungsvoll erwiesen. Leistungssteigerungen standen bei einer Weiterentwicklung im Vordergrund und unter der Federführung von McDonnell Douglas erfolgte eine grundsätzlich überarbeitete Modifizierung zur Harrier II. Mangels einer gemeinsamen Basis mit dem britischen Hersteller modifizierte McDonnell Douglas als amerikanischer Partner im Harrier-Programm letztlich selbstständig zwei AV-8A und brachte diese als YAV-8B am 9. November 1978 bzw. 19. Februar 1979 erstmals in die Luft. Die nachfolgende Einsatzerprobung wurde durch vier Vorserienflugzeuge unterstützt.
Mit der AV-8B war praktisch ein neues Flugzeug mit einem neuen, größeren und vorwiegend aus Verbundwerkstoffen hergestelltem Tragwerk mit superkritischem Profil entstanden. In Verbindung mit verlängerten Flügelwurzeln (LERX – Leading-edge extension), wurde eine bessere Wendigkeit erzielt und die Aufnahme von mehr Kraftstoff und Waffenlast ermöglicht. Das Triebwerk erhielt neue Lufteinläufe, größere Düsen und mittels großer Flügelklappen wurde die Schubkraft beim Kurzstreckenstart erhöht. Gemäß dem bereits erprobten Ein-

Vier Staffeln mit AV-8B verwendeten die Marines im Golfkrieg 1991 in über 3000 Einsätzen, darunter Maschinen der Einheit VMA-513 wie diese hier im Bild. (Foto: US DoD)

satzkonzept sollten nach erfolgtem Kurzstart von Schiffen, Landbasen oder gut getarnten Stellungen vornehmlich die eigenen Bodentruppen unterstützt werden und nach absolviertem Einsatz die Landung senkrecht erfolgen. Mit dem 95,6 kN starken Rolls Royce-Triebwerk F402-RR-406A waren aber auch Senkrechtstarts bis 8870 kg Abflugmasse möglich, allerdings mit eingeschränkter Außenlast. Bordkanonen waren während der Einsätze optional, wobei eine fünfläufige 25-mm-GAU-12/U von General Electric im linken und der dazu gehörige Munitionsvorrat von 300 Granaten im rechten Unterrumpfbehälter untergebracht waren. Zur Bewaffnung zählten zudem verschiedene Kombinationen von Abwurfmunition inklusive Lenkraketen gegen Luft- und Bodenziele. Das Cockpit der AV-8B verfügte über ein Head-up-Display und zwei weitere Bildschirme sowie einen HOTAS-Steuerknüppel (Hands on throttle and stick), über den alle wichtigen Bedienfunktionen aufrufbar waren. Ein TV-Zielsuch und -Verfolgungssystem (ARBS – Angle Rate Bombing System), eine Trägheitsnavigationsanlage und ein digitaler Flugdatenrechner gehörten zu den neuen Avionikbaugruppen. Des Weiteren wurde das Tandemfahrwerk gegenüber der AV-8A verstärkt und zur Erhöhung der Flugdauer diente ein ausklappbarer Luftbetankungsstutzen auf dem rechten Lufteinlauf. Ende 1983 erhielt das US Marine Corps die erste seriengefertigte AV-8B. Im Januar 1984 erlangten sie bei der Trainingseinheit VMAT-203 offiziell die Einsatzreife, ein Jahr später bei der Angriffsstaffel VMA-331. Für die Pilotenschulung entstand die Variante TAV-8B, die im Oktober 1986 zum ersten Mal flog und ab März 1987 in mehr als 20 Exemplaren an die Marines geliefert wurde. Sie kamen alle zur Staffel VMAT-203 auf der MCAS Cherry Point, North Carolina, und lösten die TAV-8A ab.

Am 26. Juni 1987 flog erstmals eine Night Attack Harrier II genannte Ausführung, die unter anderem einen Infrarotsensor für nächtliche Einsätze besaß. Auf diese Konfiguration wurde die Produktion ab der 167. Maschine umgestellt, die Staffel VMA-214 war im September 1989 der erste Nutzer. Für eine weiter verbesserte Harrier II Plus unterzeichneten die USA, Italien und Spanien 1990 einen Entwicklungsvertrag, wobei Italien und Spanien mit jeweils 15% am Gesamtprogramm beteiligt sind. Die Harrier II Plus wurde am Vorderrumpf um insgesamt

Diese beiden 1989 über dem kalifornischen San Diego fotografierten F-14 gehören zur Einheit VF-124. Hier wurden Tomcat-Crews an der US-Westküste trainiert. (Foto: National Museum of Naval Aviation Pensacola)

genutzt. Dann folgte die Trainingseinheit VF-124 im kalifornischen Miramar ab Oktober. Hier wurden die Besatzungen an der Westküste auf den neuen Kampfjet umgeschult, während dies an der Ostküste ab Oktober 1974 die Einheit VF-101 auf der NAS Oceana, Virginia, übernahm. Nur einen Monat zuvor brachen die seit Mitte 1973 mit der F-14A ausgerüsteten und

Start einer AIM-54 Phoenix-Luftkampfrakete. Der 465 kg schwere Flugkörper stellte die gefährlichste Waffe der Tomcat dar, verfügte über ein eigenes Radar zur Ziellenkung und eine Reichweite von rund 185 km. (Foto: National Museum of Naval Aviation Pensacola)

zur Pazifikflotte zählenden Einheiten VF-1 und VF-2 mit dem neuen Typ an Bord der *USS Enterprise* zur ersten Einsatzfahrt auf. Ende April 1975 flogen diese Maschinen Luftraumüberwachung bei der Evakuierung der Amerikaner aus Saigon, Südvietnam, auch als Operation »Frequent Wind« bekannt.

Von Anfang an beeindruckte die F-14 mit enormer Wendigkeit, an der neben der Gesamtkonzeption zwei leistungsstarke TF30-Triebwerke großen Anteil hatten. Allerdings arbeiteten die Triebwerke nicht immer zuverlässig und waren zum Schluss für knapp 30% aller F-14A-Verluste verantwortlich. Das Tragwerk bestand aus Schwenkflügeln, die den gewünschten Pfeilwinkel automatisch je nach Flugprofil zwischen 20 und 68° variierten. Für eine platzsparende Unterbringung an Bord von Trägern ließen sich diese am Boden sogar bis 75° zurückfahren. Die Manövrierfähigkeit des Flugzeugs wurde durch verschiedene Ruder, Klappen und Spoiler erhöht, frühe Einsatzmaschinen erhielten zudem an der Vorderseite des starren Flügelkastens zusätzliche, ausfahrbare Vorflügel. Diese schoben sich während des Überschallfluges bis zu 15° automatisch heraus, um Verlagerungen des Druckpunktes entgegenzuwirken und das Flugzeug in der Nickebene zu stabilisieren. Zwei leicht nach außen geneigte Seitenflossen waren auf den Triebwerksschächten angebracht, die Höhenruder voll beweglich ausgelegt. Zwei weitere Stabilisierungsflossen gab es unter dem Rumpfheck. Die Formgebung des Rumpfes und der Übergang zu Tragwerk und Heck erzeugten selbst eine auftriebssteigernde Wirkung. Die rechteckigen Lufteinläufe waren auffällig schräg gestellt und befanden sich unter den starren Flügelwurzeln. Der spitze Rumpfbug nahm das leistungsfähige Hughes-Radar AWG-9 mit über 200 km Suchreichweite und Sicht nach unten auf. Herstellerangaben zufolge konnte es in einer Entfernung von etwa 160 km aus 24 Zielen die sechs gefährlichsten gleichzeitig erfassen und bekämpfen. Die stärkste Waffe war hierbei die sehr teure (Stückpreis seinerzeit etwa eine Million US-Dollar) Langstrecken-Luft-Luft-Lenkrakete AIM-54 »Phoenix«, die über ein eigenes Radar verfügte und vollkommen autonom ihr Ziel verfolgte. Neben weiteren Lenkraketen für mittlere und kurze Entfernungen gehörte eine fest eingebaute M61 Vulcan-Kanone von General Electric zur Bewaffnung. Zur umfangreichen Avionik der Tomcat zählten neben dem bereits erwähnten Radar u.a. ein Digital-Datenrechner, eine Trägheitsnavigationsanlage, ein Radarwarngerät im Heck sowie ein Head-up-Display im Cockpit. Pilot und Waffensystemoffizier saßen hintereinander auf Schleudersitzen der neuesten Generation. Zur Vergrößerung der Reichweite war rechts im Vorderrumpf eine versenkbare Luftbetankungssonde vorhanden, extern mitgeführte Zusatztanks dienten dem gleichen Zweck.

In den 1980er-Jahren waren bis zu 24 Einsatzstaffeln der US Navy mit der F-14A ausgerüstet, hinzu kamen die Trainingsverbände VF-101 und VF-124 sowie Reserveeinheiten. Sie erhöhten die Kampfkraft der US-Marineflieger erheblich. Die Tomcat ersetzte nicht nur die F-4 Phantom II in der Jägerrolle, sondern übernahm auch Aufgaben als Aufklärer und verdrängte dabei die RA-5C Vigilante und RF-8G Crusader. Einige F-14A erhielten TARPS-Aufklärungsbehälter (Tactical Airborne Reconnaissance Pod System) mit Kameras und Infrarot-Scanner, um hauptsächlich in niedrigen und mittleren Höhen aufzuklären und wurden dann als F-14A/TARPS bezeichnet.

Um Leistung und Zuverlässigkeit zu erhöhen, bot Grumman verschiedene Modifizierungen an wie beispielsweise neue Radarwarnempfänger oder neue Triebwerke. Eine mit General Electric F110-GE-400-Triebwerken und damit je 102,75 kN Nachbrennerschub versehene F-14A(Plus) flog erstmals am 29. September 1986. Im April 1988 erreichten die ersten Exemplare die Einheit VF-101 auf der NAS Oceana. Die erste Trägerlandung, in diesem Fall auf der *USS Independence*, fand am 15. April des gleichen Jahres statt. Insgesamt wurden 48 F-14A auf diesen Triebwerkstyp, der einige strukturelle Änderungen erforderte, umgerüstet. 38 weitere erhielten die neuen Triebwerke ab Werk und später, ab 1991, als F-14B bezeichnet.

Eine Allwetterversion F-14C für Luft-Boden-Angriffe wurde nicht realisiert, doch entstand Mitte der 1980er-Jahre mit der F-14D, auch Super Tomcat genannt, eine weiter verbesserte Ausführung für den Luftkampf.

Die F-14D flog erstmals am 24. November 1987 und besaß ebenfalls die stärkeren F110-Triebwerke, ein neues Radar

Auf einzigartige Weise verband die F-14 Schnittigkeit mit Kampfkraft, für viele ist sie der beste Marinejäger, der je gebaut wurde. Allerdings verdoppelte sich im Laufe der Zeit der Stückpreis und auch der Betrieb gestaltete sich immer wartungs- und kostenintensiver. (Foto: US Navy)

Eine F-14D der Staffel VF-213 im Januar 2006 bei der Landung auf der USS Theodore Roosevelt. Zum Schluss ihrer Einsatzlaufbahn besaß die Tomcat einen wahren Mehrzweckcharakter. (Foto: Scott Rathbone)

APG-71 mit verbesserten Eigenschaften, digitalisierte Avioniksysteme, einen AN/ALQ-165-Störsender zum Selbstschutz sowie neue Schleudersitze von Martin-Baker. Kürzungen im US-Verteidigungsetat steckten die Beschaffungspläne allerdings neu ab und erlaubten bis 1992 lediglich 37 neugebaute F-14D zuzüglich 18 weiteren Umbauten von ehemaligen F-14A auf diesen Standard. Im Juli 1992 übernahmen die Staffeln VF-11 und VF-31 als erstes die neue Version und VF-11 brach mit dem Muster 1994 zur erste Einsatzfahrt an Bord der *USS Carl Vinson* auf.

Bei der US Navy absolvierte die Tomcat allein in den ersten 20 Einsatzjahren mehr als 1,6 Millionen Flugstunden, in ihrer Einsatzlaufbahn gab es mehrere ausrüstungstechnische Verbesserungen und die Lebensdauer der Flugzeugzelle wurde von 6000 auf 7200 Stunden erhöht. Als jahrelang wichtigster trägergestützter Jäger nahm die F-14 auch an mehreren Konflikten teil.

Bekannt wurden am 19. August 1981 die Abschüsse zweier libyscher Su-22 als erste Luftsiege amerikanischer Tomcat, ausgeführt von zwei auf der *USS Nimitz* stationierten Maschinen der Staffel VF-41. In den Folgejahren flogen F-14 der US-Marine Luftraumüberwachungs- und Aufklärungseinsätze bei den Operationen über Grenada, Libanon und Libyen. Dabei gab es im Jahr 1989 eine erneute Feuerbegegnung mit libyschen Kampfflugzeugen. Die beiden MiG-23 wurden von zwei zur Einheit VF-32 gehörenden F-14 abgeschossen.

Im Golfkrieg 1991 hatte die US Navy auf den Flugzeugträgern im Kampfgebiet zehn Staffeln, acht mit F-14A, zwei mit F-14B mit zusammen über 80 Tomcat an Bord. Mit ihren hervorragenden Flugeigenschaften erfüllten diese Maschinen Aufgaben als Jagdflugzeuge und flogen vor allem Begleitschutz für angreifende Verbände. Dabei fiel fiel eine Maschine einer irakischen Flugabwehr-Rakete zum Opfer. Zudem flogen die F-14 während der Operation »Desert Storm« über 780 Aufklärungseinsätze mit den bereits erwähnten TARPS-Behältern. Bei »Desert Fox« im Dezember 1998 kamen F-14B der Staffel VF-32 vom Flugzeugträger *Enterprise* und F-14D der Staffel VF-213 von der *USS Carl Vinson* aus als sogenannte »Bombcat« zum Einsatz. Sie trugen das für nächtliche Operationen optimierte LANTIRN-Angriffssystem (Low Altitude Navigation and

Zum Platz sparenden Abstellen an Deck ließen sich die Tragflächen am Boden auf bis zu 75° zurückschenken. Im Flug betrug die Maximalschwenkung 68°. (Foto: Alexander Golz)

Im Sommer 2006 fand die letzte Einsatzfahrt der Tomcat auf einem Flugzeugträger statt, der USS Theodore Roosevelt. Die letzten Starts absolvierten F-14D von VF-31 wie hier im Bild. (Foto: Alexander Golz)

Targeting InfraRed for Night) und warfen lasergelenkte Bomben GBU-12 und GBU-24 auf irakische Ziele ab. Auch wurden sie während der »Deny Flight«-Überwachungsflüge über dem Balkan verwendet und absolvierten 1999 im Kosovo-Krieg rund 50% aller Fliegerleitmissionen (FAC – Forward Air Control). Des Weiteren führten F-14A Hunderte Angriffe mit etwa 350 lasergelenkten Bomben auf jugoslawische Ziele durch. Die Trefferquote lag bei respektablen 85%.

In den letzten Einsatzjahren waren F-14 verschiedener Versionen auch bei der Operation »Enduring Freedom« über Afghanistan sowie dem erneuten Waffengang gegen Irak ab 2003 beteiligt, um wiederum Lenkwaffen, einschließlich GPS-gesteuerter GBU-31-Bomben, gegen Punktziele einzusetzen oder Ziele für andere Kampfflugzeuge ausfindig zu machen und per Laser zu markieren. Im Laufe der Jahre war die Tomcat zu einem echten Mehrzweckkampfflugzeug geworden und hatte ihre Verwendungsmöglichkeiten und Leistungsstärken ausgereizt. Potenter denn je, schritt aber die Außerdienststellung ab Ende der 1990er-Jahre zügig voran. Hauptgrund waren der zunehmende Wartungsaufwand und die damit verbundenen Kosten. Während die F-14A bis zum Jahr 2004 ausgemustert waren, erfolgte in der Folgezeit auch die Umstellung der F-14B und D-Einheiten auf die F/A-18E/F Super Hornet. Im Frühjahr 2005 wurden US Navy-Piloten zum letzten Mal auf die Tomcat geschult und einen letzten Katapultstart im Einsatz

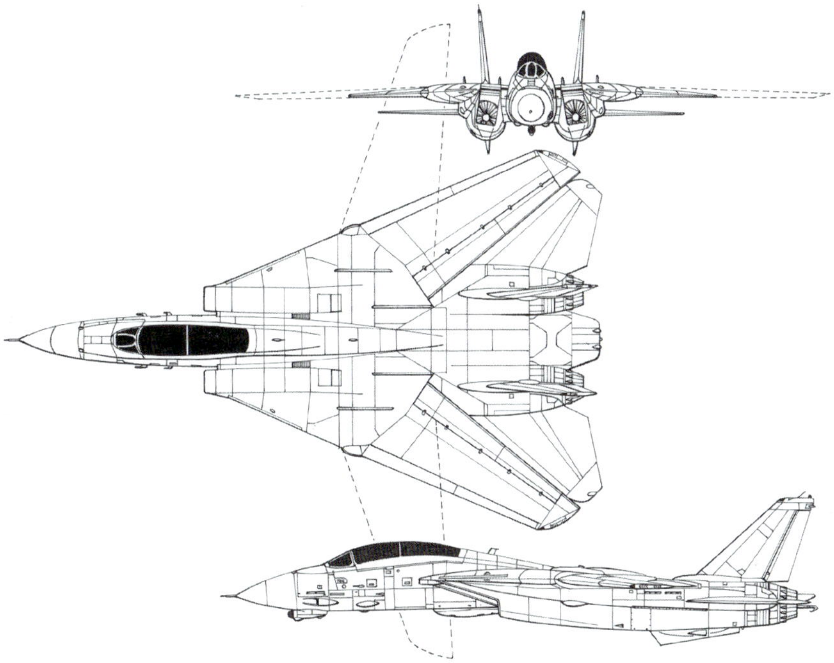

Dreiseitenriss F-14 Tomcat (Zeichnung Manfred Meyer)

CAG Bird 100, die Maschine des Staffelkapitäns von VF-31, bei der Landung auf der USS Theodore Roosevelt auf der letzten Einsatzfahrt im Juli 2006. Unter dem Bug befindet sich der AN/AAS-42- Infrarotsensor, der das Radar bei der Zielerfassung unterstützt. (Foto: Alexander Golz)

Eine F-14D mit eingeschalteten Nachbrennern kurz nach dem Start. Bemerkenswert die aerodynamische Auslegung sowie die enorme Größe des Flugzeugs. (Foto: Scott Rathbone)

absolvierte eine F-14D von VF-31 am 28. Juli 2006 von der *USS Theodore Roosevelt* aus. Im Herbst desselben Jahres war die Außerdienststellung der F-14 offiziell vollzogen.

Die F-14 Tomcat verband Schnittigkeit mit Leistungsstärke auf einzigartige Weise, für viele war sie das beste Marinekampfflugzeug überhaupt. Mit ihrer leistungsfähigen Ausstattung – insbesondere dem Radar in Verbindung mit den weitreichenden Lenkwaffen – war sie ein sehr effektives, aber auch teures Kampfflugzeug. Insgesamt entstanden 712 Exemplare.

Einsatzstaffeln (Auswahl):
VF-1, 2, 11, 14, 21, 24, 31, 32, 33, 41, 51, 74, 84, 101, 102, 103, 111, 114, 124, 142, 143, 154, 191, 194, 201, 202, 211, 213, 301, 302

Lockheed S-3 Viking

Weniger bekannt als die meisten Kampfjets der US-Marine, hatte die Viking eine recht lange und erfolgreiche Karriere, in der sie vielfältige Aufgaben als U-Boot-Jäger, Überwachungsflugzeug, Elektronikaufklärer, Tanker und Transporter absolvierte. Ursprünglich wurde Ende der 1960er-Jahre ein U-Boot-Jagdflugzeug der neuen Generation gesucht, das die Grumman S-2 Tracker ablösen sollte. Lockheeds Konzept ging letztlich als Sieger der VSX genannten Ausschreibung hervor Die Vollentwicklung wurde in Zusammenarbeit mit den Firmen Vought, verantwortlich für Trag-, Leit- und Fahrwerk sowie die Konstruktion der Triebwerksgondeln sowie Univac, zuständig für den Bau einer modernen Datenverarbeitungsanlage inklusive AYK-10-Digitalcomputer, realisiert. Als Antrieb wählte man zwei General Electric-Turbofans aus. Der finale Entwurf zeichnete sich zudem durch eine ausfahrbare AN/ASQ-81-Sonde zum Erfassen magnetischer Anomalien (MAD – Magnetic Anomaly Detector) am Heck aus, welche wie das in den Rumpf einziehbare Rundumsichtradar AN/APS-116 von Texas Instruments stammte. Im Rumpfheck gab es 60 Startröhren für aktive und passive Sonarbojen, deren Signale durch entsprechende Prozessoren gleichzeitig verarbeitet werden konnten. Die vierköpfige Besatzung, bestehend aus Pilot, Copilot, Sensorbediener sowie Taktischem Koordinator wurde auf Douglas-Schleudersitzen in einer klimatisierten Kabine unter-

Flugzeugtyp	**S-3A Viking**
Verwendung	U-Boot-Jagdflugzeug
Besatzung	4
Triebwerk	zwei General Electric TF34-GE-400 mit je 41,2 kN
Spannweite	20,93 m
Länge	16,26 m
Höhe	6,93 m
Flügelfläche	55,56 m²
Leermasse	12.088 kg
Startmasse	max. 23.832 kg
Höchstgeschwindigkeit	834 km/h
Steiggeschwindigkeit	21,3 m/s
Dienstgipfelhöhe	10.670 m
Reichweite	5558 km mit Zusatztanks
Bewaffnung	bis 3175 kg Bomben, Minen, Torpedos, Raketenbehälter, gelenkte und ungelenkte Luft-Boden-Raketen im Rumpfschacht sowie zwei Aufhängepunkten

Wie ihr Vorgänger S-2 Tracker verfügte auch die S-3 Viking im Heck über eine ausfahrbare Sonde zum Aufspüren magnetischer Anomalien, wie gerade diese Maschine von VS-32 Anfang der 1980er-Jahre demonstriert. (Foto: US DoD)

Bei einer Spannweite von über 20 m wurden die Tragflächen der Viking natürlich faltbar ausgelegt. Diese S-3B ist gerade auf der USS Theodore Roosevelt (CVN-71) gelandet und wird vom Einweiser zur Parkposition geleitet. (Foto Alexander Golz)

gebracht. Oberhalb der Kanzel war eine Luftbetankungssonde installiert und das dreiteilige Fahrwerk stammte eigentlich von den Vought-Kampfjets F-8 und A-7 ab. Zur Ausstattung gehörte natürlich für den Trägereinsatz ein Fanghaken unter dem Rumpfheck. Am Hochdeckertragwerk waren die Triebwerke befestigt, deren typischer Sound der Viking später den Namen »Hoover« (dt. Staubsauger) einbrachte. Intern und extern konnten verschiedene Waffen mitgeführt werden.

Im August 1969 erfolgte der Auftrag zum Bau von acht Prototypen sowie zwei Zellen, die für statische Belastungsversuche am Boden verwendet werden sollten. Eine erste Entwicklungsmaschine begann am 21. Januar 1972 mit der Flugerprobung, ab November 1973 erfolgten an der Atlantikküste Trägertests auf der *USS Forrestal*. In der mehr als zweijährigen Erprobung ging ein Prototyp verloren, zugleich überzeugten aber Konzept und Systeme, sodass die Lieferungen bereits 1974 begannen. Die ersten S-3A-Serienmaschinen gingen an die Trainingsstaffel VS-41 zur NAS North Island in Kalifornien, während VS-21 die ersten Exemplare Mitte 1974 erhielt und zur ersten Einsatzstaffel wurde. Ein Jahr später erfolgte die erste Einsatzfahrt an Bord der *USS John F. Kennedy* und bis 1978 waren elf Navy-Staffeln mit jeweils zehn Viking einsatzklar. Im selben Jahr endete auch die Serienfertigung nach insgesamt 187 Maschinen.

Die Viking hatte die Tracker bei den trägergestützten U-Boot-Abwehreinheiten abgelöst und konnte mit einer verdoppelten Leistungsfähigkeit überzeugen, in dem sie wesentlich größere Gebiete rund um den eigenen Trägerverband aufklären und vor U-Boot-Angriffen verteidigen konnte. Die fortschrittlichere Sensortechnik und größere Waffenauswahl waren dafür mitverantwortlich. Doch die Entwicklung blieb nicht stehen und mit gestiegenen Anforderungen waren auch Verbesserungen nötig, die im sogenannten Weapons System Improvement Program (WSIP) mündeten. Eine modernisierte S-3B flog erstmalig im September 1984 und nachfolgend wurden insgesamt 119 S-3A auf diesen Standard umgerüstet. Als Viking-Trainigsstaffel an der Ostküste erhielt VS-27 noch Ende 1987 die S-3B, im Juli 1988 war die ebenfalls zur Atlantikflotte zählende Einheit VS-30 mit der neuen Variante einsatzklar.

Zum Standard der modernisierten S-3B gehörte z.B. das AN/APS-137-Radar, das über eine sehr hohe Auflösung verfügte, ein Ziel zweidimensional darstellen und dadurch viel besser identifizieren konnte. Ein leistungsstärkerer Infrarotsensor, Datenprozessoren und Receiver, das ALR-76-Radarwarngerät, Täuschkörperwerfer und die Möglichkeit zur Verwendung der Anti-Schiffs-Lenkwaffe AGM-84 Harpoon hoben den Einsatzwert des Flugzeugs an.

In den 1980er-Jahren gab es ferner vereinzelte Umbauten zum Transporter US-3A in der COD-Rolle sowie einen Tanker KS-3A. Letztere Ausführung wurde von der US Navy abgelehnt, stattdessen konnten normale Viking-Einsatzmaschinen mit Schlauchtrommelbehältern unter den Tragflächen recht einfach zu Tankern umgerüstet werden. Andere Umbauten führten zu 16 ES-3A Shadow, die der elektronischen Aufklärung sowie der Störung von gegnerischen Signalen und Kommunikation dienten und hierfür mit unzähligen Antennen bestückt waren. Ein ES-3A-Umbauflugzeug war 1991 erstmals geflogen, zwischen 1992 und 1994 wurden VQ-5 an der Westküste sowie VQ-6 an der Ostküste mit dem Typ ausgerüstet. Später erfolgten erste reelle Einsätze innerhalb der Operation »Deliberate Force« über Bosnien.

Maschinen vom Typ S-3 kamen im Golfkrieg 1991 gegen den Irak zum Einsatz und wurden nachfolgend zur Überwachung der so genannten Flugverbotszonen herangezogen. Während des Bosnienkriegs 1995 und bei der Operation »Allied Force« 1999 wurden S-3 verwendet und sie flogen ebenfalls Einsätze innerhalb der Operation »Enduring Freedom« über Afghanistan. Im Frühjahr 2003 unternahmen S-3B von der *USS Constellation* aus, die sich zu dieser Zeit im Persischen Golf befand, mehrere Angriffsflüge auf irakische Positionen und verschossen erstmals in ihrer Einsatzlaufbahn lasergelenkte Luft-Boden-Raketen vom Typ AGM-65E Maverick.

Die Viking diente in zwei Trainingsverbänden sowie in zwölf der Seeüberwachung und U-Boot-Abwehr qualifizierten Sea Control Squadrons. Zur Jahrtausendwende gehörte zu den großen Trägerschiffen der US Navy je eine Staffel mit mindestens acht S-3B, welche in den 1990er-Jahren durch weitere Kampfwertsteigerungsprogramme modernisiert worden waren. Diese beinhalteten unter anderem modernisierte Avionik und ein verbessertes Radar sowie die erweiterte Möglichkeit Präzisionsangriffe zu absolvieren und hierbei die Luft-Boden-Lenkwaffen SLAM und SLAM-ER einzusetzen.

Bereits 1999 waren die ES-3A Shadow ausgemustert worden und in der jüngeren Vergangenheit diente die Viking weniger der U-Boot-Abwehr, sondern hauptsächlich Überwachungsflügen und Einsätzen als Tanker. In der Tankerrolle wurden sie allerdings zunehmend durch die Super Hornet ersetzt und damit die Außerdienststellung der S-3B ab April 2004 eingeleitet. Sie erfolgte hauptsächlich aus Budgetgründen, sodass die Flugzeugzellen häufig nicht abgeflogen waren. In der zweiten Jahreshälfte 2008 stellte die US Navy vier S-3B von VS-22 letztmalig zu Einsätzen ab, die im Irak absolviert wurden. Die-

Startvorbereitungen einer S-2B der Staffel VS-24. Neben der Viking erkennt man ein aufgestelltes Hitzeschild und davor das Heck einer EA-6B Prowler, welche ebenfalls zum Start bereit steht. (Foto: Alexander Golz)

Insgesamt 16 Viking wurden zu Elektronikaufklärern ES-3A Shadow umgebaut und mit über 60 Antennen und Sensoren versehen. Zwei Staffeln nutzten den Typ bis 1999. (Foto: National Museum of Naval Aviation Pensacola)

se Flugzeuge waren auf der Basis Al Asad stationiert und flogen mehrere hundert Einsätze, die hauptsächlich der Überwachung und Aufklärung dienten. Wichtigster Sensor war hierbei der extern mitgeführte LANTIRN-Behälter. Wenige Wochen danach erfolgte am 29. Januar 2009 die endgültige Ausmusterung der zuverlässigen Viking. Eine Handvoll S-3B wurde immerhin zur NAS Point Mugu, Kalifornien, überstellt und in der Teststaffel VX-30 weiter verwendet.

Einsatzstaffeln (Auswahl):
VQ-5, 6
VS-21, 22, 24, 27, 28, 29, 30, 31, 32, 33, 35, 37, 38, 41

McDonnell Douglas / Boeing F/A-18 Hornet

Die Firma Northrop hatte die YF-17 gebaut, die eigentlich als leichter Luftüberlegenheitsjäger für die US Air Force gedacht war. Zwei dieser Flugzeuge wurden ab 1974 getestet, doch entschied sich die US-Luftwaffe im gleichen Jahr bekanntermaßen für das Konkurrenzmuster YF-16, der späteren F-16 Fighting Falcon. Beinah zur selben Zeit suchte die US Navy nach einem neuen taktischen Kampfflugzeug und Northrop dachte an eine Weiterentwicklung der YF-17 und schloss sich dazu mit McDonnell Douglas zusammen. McDonnell Douglas hatte inzwischen weitreichende Erfahrungen im Bau von Marinekampfflugzeugen und wurde letztlich zum Hauptauftragnehmer in diesem Programm.

Die Detailkonzeption des neuen, äußerlich der YF-17 recht ähnlichen Flugzeugs begann 1976 und sah ursprünglich zwei eigenständige Versionen als Jagdflugzeug und Jagdbomber vor. Zum Schluss wurde daraus die Mehrzweckversion F/A-18 und ein erster von insgesamt elf Prototypen begann am 18. November 1978 die Flugerprobung. Zwei der Prototypen waren als Doppelsitzer TF-18A, später umbenannt in F/A-18B, konzipiert und flogen im darauf folgenden Jahr erstmals. Teil der ausgiebigen Tests war natürlich auch die Trägererprobung des Musters, die im Oktober 1979 begann. Hierzu diente der Flugzeugträger *USS America*, der sich zu jener Zeit im Atlantik befand. Das Erprobungsprogramm zeigte auch einige zu beseitigende Schwächen auf und erste, ab Mai 1980 ausgelieferte Serienflugzeuge F/A-18A dienten Einsatztests bei der US Navy. Weitere wurden Ende 1980 der Erprobungsstaffel VFA-

Flugzeugtyp	**F/A-18A Hornet**
Verwendung	Mehrzweckkampfflugzeug
Besatzung	1
Triebwerk	zwei General Electric F404-GE-400 mit je 70, 3 kN mit Nachbrenner
Spannweite	11,43 m
Länge	17,07 m
Höhe	4,66 m
Flügelfläche	37,16 m²
Leermasse	10.455 kg
Startmasse	max. 22.328 kg
Höchstgeschwindigkeit	1915 km/h
Steiggeschwindigkeit	229 m/s
Dienstgipfelhöhe	15.240 m
Reichweite	2130 km
Bewaffnung	ein sechsläufige 20-mm-MK M61A1 Vulcan mit 578 Schuss sowie bis 7711 kg Bomben, Raketen- und Waffenbehälter, gelenkte und ungelenkte Luft-Luft- und Luft-Boden-Raketen an neun Aufhängepunkten

Eine F/A-18C bei einem »Bolter« vom Landedeckkurz der USS Theodore Roosevelt. Die Maschine gehört zur Staffel VFA-15 des Trägergeschwaders 8. Unter dem rechten Tragflügel kann man eine Luftkampfrakete vom Typ AIM-7 Sparrow erkennen. (Foto US Navy)

Diese F/A-18C trägt unter dem rechten Flügel eine Luft-Boden-Lenkwaffe vom Typ AGM-84H SLAM-ER, die dank ihrer ausklappbaren Flügel Ziele in bis zu 280 km Entfernung bekämpfen kann. (Foto Alexander Golz)

125 auf der NAS Lemoore in Kalifornien zugeführt, um Piloten auf dem neuen Typ zu trainieren. Voll dienstklar war die F/A-18 dann 1983, im Januar beim US Marine Corps mit VMFA-314 und im März bei der US Navy mit VFA-113.

Die Hornet besitzt ein trapezförmiges Mitteldeckertragwerk mit weit vorgezogenen Flügelwurzeln. Die Flügel selbst sind zur besseren Bordunterbringung faltbar, am Heck gibt es voll bewegliche Pendelruder als Höhenleitwerke sowie zwei nach außen geneigte Seitenflossen. Mit diesen aerodynamischen Komponenten, den leistungsfähigen Mantelstromtriebwerken und einer Fly-by-wire-Steuerung werden eine beachtliche Wendigkeit und hohe Anstellwinkel erreicht. Der Rumpfbug nimmt das Puls-Doppler-Radar AN/APG-65 von Hughes auf, das eine Reichweite von rund 150 km besitzt, zehn Ziele zugleich verfolgen kann und über mehrere Betriebsarten verfügt. Dazu gehört auch der Luft-Boden-Einsatz und das Erkennen von Geländehindernissen, das Suchen und Bestimmen von Zielen sowie die Auswahl der Bekämpfungsart. Ergänzt wird das Radar von einem Infrarotsensor sowie einem Laserzielsucher. Zur Bordelektronik zählen außerdem verschiedene Rechner, Radarwarnempfänger, Freund-Feind-Erkennungsgerät und im Cockpit drei Multifunktionsbildschirme sowie ein Head-up-Display. Direkt oberhalb der Radarnase befindet sich eine sechsläufige Vulcan-Bordkanone und an den Flügelspitzen finden Sidewinder-Luftkampfraketen Platz. An weiteren Pylonen können verschiedene Waffen inklusive Atombomben wie die B57 und B61 angebracht werden. Ersatzweise werden dort aber auch ECM-Behälter oder Zusatztanks befestigt. Der Erhöhung von Reichweite und Flugdauer dient außerdem ein ausfahrbarer Luftbetankungsstutzen am Vorderrumpf. Zum Selbstschutz gibt es Täuschkörperwerfer und für Deckslandungen den obligatorischen Fanghaken unter dem Rumpfheck.

Während sich Northrop auf die landgestützte F-18L spezialisierte, mit dieser Version aber keine Abnehmer fand, wurden unter Führung von McDonnell Douglas die F/A-18A und B zur F/A-18C und D, letztere wiederum zweisitzig, fortentwickelt. Statt der General Electric-Aggregate F404-GE-400 erhielten die neuen Baureihen stärkere Triebwerke F404-GE-402 mit je 78,7 kN Nachbrennerschub für eine auf maximal 25.400 kg erhöhte Startmasse. Des Weiteren folgten Modernisierungen im Avionikbereich einschließlich des verbesserten Radars AN/APG-73 und damit verbundener Allwetter- und Nachtkampffähigkeit und die Möglichkeit zur Verwendung neuerer Waffen. Eine erste F/A-18C aus der Produktion flog im September 1987 erstmals und viele A-Modelle wurden auf diesen Standard umgerüstet. Die Version F/A-18D folgte im Mai 1988 und wurde Ende 1989 zuerst bei der Einheit VFA-146 in Dienst gestellt. Spätere Serienmaschinen der F/A-18C und D waren hauptsächlich auf Nachtangriffe ausgerichtet, bei der F/A-18D fungierte ein zweites Besatzungsmitglied als Waffensystemoffizier. Üblich ist daher auch die Bezeichnung Night Attack Hornet. Nach dem Zusammenschluss von Boeing und McDonnell Douglas im Jahre 1997 wurde das Fertigungsprogramm von Boeing fortgeführt, im Laufe der Jahre gab es einige Modernisierungen wie z.B. einen neuen Missionscomputer und ein neues Navigationssystem.

Maschinen vom Typ F/A-18 Hornet unternahmen von Februar bis August 1985 mit den Staffeln VFA-25 und VFA-113 die erste Einsatzfahrt an Bord des Flugzeugträgers *USS Constellation*. Im nächsten Jahr waren die Navy-Einheiten VFA-131 und VFA-132 sowie die Marine Corps-Staffeln VMFA-314 und VMFA-323 mit ihren F/A-18 auf der *USS Coral Sea* im Mittelmeer unterwegs. Von da aus unternahmen die Hornets ihre ersten Kampfeinsätze, als sie Luftraumüberwachung flogen und im März 1986 libysche Flugabwehrstellungen angriffen.

F/A-18C und D wurden im Golfkrieg 1991 von den US-Marinefliegern sehr vielseitig genutzt – zur Luftverteidigung, als Begleitschutz, zur Fliegerleitung, zum Ausschalten der irakischen Luftabwehr, zur Luftnahunterstützung für verbündete Einheiten am Boden sowie zu offensiven Bombeneinsätzen. Die Hornets waren bei den ersten Angriffen auf irakische Ziele beteiligt, bombardierten Flugplätze mit Spreng- und Clusterbomben, verschossen ungelenkte Luft-Boden-Raketen sowie Lenkwaffen auf Patrouillenboote und Schiffe, warfen präzisionsgelenkte Bomben ab oder attackierten mit Lenkwaffen Radar- und Luftabwehrstellungen. Am 17. Januar 1991 gelang es zwei F/A-18C je eine irakische MiG-21 mit Luft-Luft-Lenkraketen abzuschießen, am selben Tag fiel aber auch eine F/A-18C der Lenkwaffe einer MiG-25 zum Opfer. Zwei weitere Hornet wurden im Februar von der Bodenluftabwehr zerstört und sieben andere dieser Maschinen während des Konflikts beschädigt, aber zum Teil repariert und nochmals zum Einsatz gebracht. Von den 190 Hornet, die von US Navy und Marine Corps im Golfkrieg eingesetzt wurden, waren 106 auf Trägerschiffen und 84 auf Landbasen verteilt, sie erreichten dabei einen Klarstand von beachtlichen 91,5%.

In den Jahren 1993 bis 1995 befanden sich mehrere Staffeln F/A-18C auf US-Flugzeugträgern in der Adria, des Weiteren waren in Aviano, Italien, zwölf F/A-18D stationiert. Diese Maschinen spielten eine Rolle bei »Deliberate Force«, flogen dabei Luftraumüberwachung und griffen aktiv ins Kampfgesche-

Diese schöne Formation besteht aus Hornet verschiedener Einheiten, als sie noch wichtigstes trägergestütztes Kampfflugzeug der US Navy war. Inzwischen nimmt die weiterentwickelte Super Hornet diese Rolle ein. (Foto US Navy)

Diese F/A-18C landet im Juli 2007 auf der USS Kitty Hawk. Man erkennt das massive Fahrwerk des Jets, um den wiederholten und meist harten Trägerlandungen zu widerstehen. (Foto: Alexander Golz)

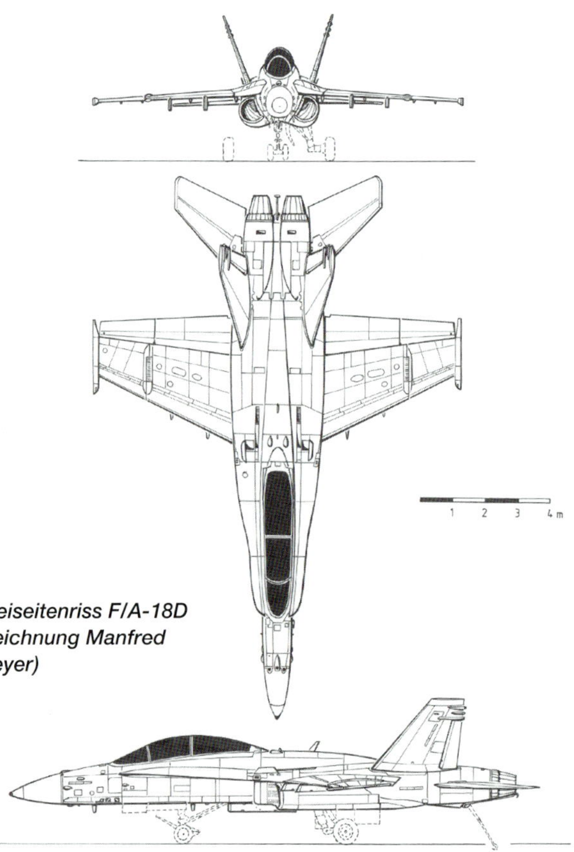

Dreiseitenriss F/A-18D (Zeichnung Manfred Meyer)

hen in Bosnien ein. Allein 1995 wurden von den F/A-18D der Marine Corps-Einheit VMFA(AW)-533 über 100 Kampfeinsätze gegen serbische Ziele in Bosnien geflogen und dabei lasergelenkte Bomben verwendet.

Im Dezember 1998 kamen bei der Operation »Desert Fox« F/A-18C wiederum gegen irakische Ziele zum Einsatz, um etwa Radaranlagen zu zerstören. Mit dem Flugzeugträger *USS Theodore Roosevelt* erreichten 1999 die Navy-Staffeln VFA-15 und VFA-87 mit insgesamt 24 F/A-18C den Krisenherd Balkan und beteiligten sich dort an der Operation »Allied Force«. Eine größere Anzahl Hornet kam von mehreren Trägern aus ab Oktober 2001, dem Beginn der Operation »Enduring Freedom«, über Afghanistan zum Einsatz und absolvierte dort in der Folgezeit unzählige Flugstunden. Dabei wurden vielfach lasergelenkte Bomben sowie die GPS-gesteuerten JDAM-Bomben GBU-32 (Joint Direct Attack Munition) verwendet. Auch im Irak-Krieg ab 2003 gehörten die F/A-18 zu den wichtigsten Einsatzmustern, dienten der Luftraumüberwachung und flogen zahlreiche offensive Kampfeinsätze.

Die vielen Kampfeinsätze setzten den Hornet aber auch stark zu und die Zellenlebensdauer etlicher Flugzeuge wurde überschritten. So traten mehrfach strukturelle Probleme inklusive Risse an wichtigen Baugruppen auf und zeitweise Flugverbote waren die Folge. Andererseits kamen zahlreiche Exemplare in den Genuss von Modernisierungen etwa im Cockpit, der Ausstattung mit neuen Sensoren oder mit Helmvisieren. Inzwi-

schen ist bei der US Navy, wo mehr als 30 Staffeln die Hornet flogen, der Ersatz durch die deutlich leistungsgesteigerte Super Hornet weit fortgeschritten. Mit VFA-34 war Anfang 2018 zum letzten Mal eine Einsatzstaffel mit F/A-18C auf einem Flugzeugträger, der *USS Carl Vinson*, stationiert und der Großteil des Bestands ist künftig Teil von Trainings- und Reserveverbänden. Dort jedoch ist der Einsatz bis nach dem Jahr 2030 vorgesehen. Das US Marine Corps stattete mehr als 20 Einsatzstaffeln mit der Hornet aus und dort ist sie mit über 200 Exemplaren bis heute das wichtigste Kampfflugzeug.
Die Serienproduktion lief nach 1479 Exemplaren aus. Einher mit der Fertigung gingen verschiedene Modernisierungen, die letzten 60 F/A-18D ließen sich als Aufklärungsflugzeuge verwenden und bei Bedarf wieder zu Mehrzweckkampfflugzeugen umrüsten.

Einsatzstaffeln (Auswahl):
VFA-15, 22, 25, 27, 34, 37, 81, 82, 83, 86, 87, 94, 97, 105, 106, 113, 125, 127, 131, 132, 136, 137, 146, 147, 151, 161, 192, 195203, 204, 303, 305
VMFA-112, 115, 121, 122, 134, 142, 212, 224, 225, 232, 235, 242, 251, 312, 314, 321, 323, 332, 531, 533
VMFAT-101

Eine F/A-18C von VFA-192 wird über das Deck der USS Kitty Hawk geschleppt. Der Verband flog die Hornet bis 2014, im selben Jahr erfolgte der Wechsel auf die Super Hornet. (Foto Alexander Golz)

Eine Growler im Anflug. Dieses Exemplar trägt neben den Sensoren in den Tragflächenspitzen noch Zusatztanks und Lenkraketen. Unter dem linken Flügel ist eine AGM-88 HARM angebracht, eine 360 kg schwere Waffe zur Bekämpfung von bis zu 50 km entfernten Radaranlagen. (Foto: Alexander Golz)

Ständig werden neue Elemente etwa im Radar- und Avionik- oder auch Waffensektor an die F/A-18E/F angepasst, ab 2013 testete diese Maschine als Advanced Super Hornet auf der Tragflächenoberseite angebrachte zusätzliche Conformal Fuel Tanks. (Foto: Boeing)

fen auch AMRAAM-Luftkampfraketen zu Selbstverteidigung sowie Lenkbomben und Abstandswaffen wie die AGM-154 zum Einsatz. Dies erweitert die Möglichkeiten für offensive Kampfeinsätze gegenüber dem Vorgänger erheblich. Zur Ausrüstung der zweisitzigen Maschine gehören ferner extern mitgeführte ALQ-99-Störbehälter, digitale ALQ-218-Receiver an den Flügelenden, ein AN/ALR-67(V)3-System zur Warnung bei feindlicher Erfassung und Kontrolle der Gegenmaßnahmen sowie das AN/ALQ-227-System zur Störung von Kommunikationsverbindungen. Das Mitführen dieser sensiblen Ausrüstung limitiert die Höchstgeschwindigkeit der EA-18G allerdings auf maximal Mach 0,95.

Die Arbeiten zur EA-18G begannen bereits in der zweiten Hälfte der 1990er-Jahre, ein offizieller Entwicklungsauftrag ging 2003 an Boeing. Northrop Grumman war für einen Großteil der elektronischen Baugruppen sowie die Fertigung von Mittel- und Hinterrumpf verantwortlich. Verschiedene Systemkomponenten wurden ab Mai 2006 an einer F/A-18F der Erprobungsstaffel VX-23 getestet, am 15. August des gleichen Jahres begann auch eine erste EA-18G mit den Testflügen. Serienmaschinen flogen ab September 2007 und gingen zunächst an verschiedene Teststaffeln sowie ab 2008 an die Einheit VAQ-129 auf der NAS Whidbey Island zur Schulung künftiger Einsatzcrews auf dem Flugzeug. Im gleichen Jahr startete die Trägerqualifikation, zunächst auf der *USS Dwight D. Eisenhower*. 2009 wurde VAQ-132 die erste Einsatzstaffel der Growler, fünf zu dieser Einheit zählende Maschinen wurden im Mai 2011 nach Aviano, Italien verlegt. Innerhalb der Operation »Odyssey Dawn« über Libyen wurden nachfolgend die ersten Kampfeinsätze des Typs absolviert. Derzeit ist die Beschaffung von 160 EA-18G geplant. Auf neun Trägern ist jeweils eine Growler-Staffel stationiert, fünf weitere kommen von Landbasen aus und z.T. mit US-Luftwaffenpersonal zum Einsatz

Einsatzstaffeln der F/A-18E/F Super Hornet (Auswahl):
VFA-2, 11, 14, 15, 22, 25, 27, 31, 32, 41, 81, 86, 102, 103, 105, 106, 115, 122, 136, 137, 143, 146, 147, 151, 154, 195, 211, 213

Einsatzstaffeln der EA-18G Growler (Auswahl):
VAQ-129, 130, 131, 132, 133, 134, 135, 136, 137, 138, 139, 140, 141, 142

Lockheed Martin F-35 Lightning II

Die US-Marineflieger werden auch in Zukunft darauf bedacht sein, modernes Kriegsgerät in Dienst zu stellen, um damit Bedrohungen verschiedenster Art entgegenzutreten, einen Gegner bekämpfen und möglichst besiegen zu können. Gerade die politische Zustimmung für neue und zumeist teure Projekte bedarf immer wieder der Beweisführung nach der Notwendigkeit für solche Systeme, um mit diesen die Einsatzdoktrin der US-Marine und letztlich die Interessen der USA weltweit durchzusetzen. Da die Waffensysteme nicht billiger werden, sind neben überzeugenden Argumenten und der Vorstellung technisch ausgereifter Lösungen große Summen an Geld und oftmals ein Zusammengehen mehrerer Firmen, Teilstreitkräfte, ja sogar verschiedener Nationen weltweit zur Realisierung neuer Programme nötig. Bestes Beispiel hierfür dürfte der Joint Strike Fighter F-35 sein, zugleich der neueste bemannte Kampfjet der US-Marineflieger.

Die F-35 entstand gemäß den Anforderungen des Joint Advanced Strike Technology Programms (JAST), das ein Kampfflugzeug der 5. Generation mit überragender Wendigkeit, Stealth-Eigenschaften und hoher Einsatzflexibilität vorsah. Leistungsfähige Sensor- und Waffentechnik war ebenso ein Muss wie eine Größenordnung von mehreren Tausend Exemplaren um gleich mehrere, derzeit im Einsatz befindliche Typen in der Verteidigungs- und Angriffsrolle abzulösen. Dazu

Flugzeugtyp	**F-35C Lightning II**
Verwendung	Mehrzweckkampfflugzeug
Besatzung	1
Triebwerk	ein Pratt & Whitney F135-400 mit 191,3 kN mit Nachbrenner
Spannweite	13,11 m
Länge	15,67 m
Höhe	4,48 m
Flügelfläche	62,06 m^2
Leermasse	14.547 kg
Startmasse	max. 31.800 kg
Höchstgeschwindigkeit	1800 km/h
Steiggeschwindigkeit	k.A.
Dienstgipfelhöhe	15.250 m
Reichweite	2200 km
Bewaffnung	bis 8165 kg Bomben, gelenkte Luft-Luft- und Luft-Boden-Raketen, Kanonen- und Waffenbehälter in zwei Rumpfschächten sowie sechs Aufhängepunkten

Zwei F-35B im Landeanflug. Mittels nach unten geschwenkter Schubdüse, dem Liftsystem sowie verschiedenen Klappensystemen wird die senkrechte Landung ermöglicht. (Foto Lockheed Martin)

An Bord der USS America (LHA-6) zeigt diese frühe F-35B gut das hinter dem Cockpit befindliche Liftsystem mit geöffneter Klappe zur Luftzufuhr. Die USS America wurde im Oktober 2014 in Dienst gestellt und gilt als Typschiff einer neuen Klasse von amphibischen Angriffsschiffen. (Foto Lockheed Martin)

zählten nicht nur Flugzeuge der US-Streitkräfte sondern auch die befreundeter Nationen, die man gleichzeitig als Partner in diesem ehrgeizigen Projekt gewinnen wollte. 1996 wurde daraus das Joint Strike Fighter-Programm, in dem schließlich Lockheed Martin in einem hart geführten Wettbewerb mit der X-35 den Sieg davon trug. Zahlreiche Unternehmen fungierten als Unterauftragnehmer. Pratt & Whitney lieferte zum Schluss das Triebwerk, das ein Liftsystem von Rolls-Royce besitzt und für VTOL-Einsätze den notwendigen Vertikalschub mittels einer Welle vom Haupttriebwerk erzeugt. Das Liftsystem befindet sich bei der F-35 hinter dem Cockpit und leistet während des Schwebefluges den gleichen Schub wie das weiter hinten befindliche Haupttriebwerk. Beim Senkrechtstart oder im Schwebeflug ist die Düse des Haupttriebwerks um 90° nach unten geschwenkt, die Steuerung des Flugzeugs wird durch kleine, vom Triebwerk gespeiste Düsen in den Tragflächen unterstützt. Eine X-35A absolvierte am 24. Oktober 2000 den Erstflug, führte im November des gleichen Jahres erstmals Luftbetankungen durch und erreichte noch im gleichen Monat erstmals Überschallgeschwindigkeit. Die X-35A stellte den Prototypen der Basisversion für konventionelle Starts und Landungen dar. Die X-35B hingegen konnte senkrecht starten und landen und nutzte dabei die oben beschriebene Triebwerkskonfiguration. Gemäß dem schon bei der AV-8 Harrier bewährten Einsatzkonzept sollen im Einsatz die Starts vorwiegend konventionell und nur die Landung senkrecht erfolgen (STOVL – Short Take-Off and Vertical Landing). Einen ersten Schwebeflug unternahm die X-35B am 22. Februar 2001, die erste Transition, also der Übergang vom Schwebe- in den Horizontalflug, erfolgte am 3. Juli und die erste senkrechte Landung wenige Tage später. Während die X-35A bzw. die spätere F-35A für die US Air Force und für Exportkunden vorgesehen ist, sollen das US Marine Corps sowie andere Marineluftstreitkräfte in Übersee die aus der X-35B hervorgegangene F-35B erhalten. Für den Einsatz auf normalen Flugzeugträgern und für die US Navy ist die Variante F-35C gedacht, die als Testmodell X-35C am 16. Dezember 2000 mit den Erprobungsflügen begann und bis März 2001 rund 250 Trägerlandungen simulierte. Die F-35C hat eine annähernd 2,5 m größere Spannweite und eine knapp 20 m² größere Flügelfläche.

Am 26. Oktober 2001 stand Lockheed Martin endgültig als Gewinner im Joint Strike Fighter-Wettbewerb fest, was zur Vollentwicklung der F-35 führte. Die F-35 baut auf die schon beschriebenen X-35-Flugzeuge auf, wurde aber an verschiedenen Stellen modifiziert. So gab es Änderungen bei den Lufteinläufen und im Triebwerksbereich, bei den Seitenflossen sowie eine Verlängerung des Rumpfbugs. Für Stealth-Eigenschaften besitzt die F-35 entsprechende Formen, radarabsorbierende Materialen und Farben. Zu diesem Zweck sind auch Waffen wie etwa Luft-Luft-Lenkraketen AIM-120C AMRAAM, JDAM-Bomben GBU-32 oder andere Abwurfmittel bis zu einem Gesamtgewicht von 1814 kg in zwei internen Schächten untergebracht. Möglich ist aber auch die externe Mitführung weiterer Bewaffnung, was die Waffenlast zwar beträchtlich erhöht, die Stealth-Eigenschaften aber entsprechend herabsetzt. Kanonenbewaffnung ist bei den Navy- und Marine

Die erste F-35C während eines Testflugs. Die F-35C besitzt deutlich ein größeres Tragwerk und startet auf konventionelle Weise von Trägern oder Landbasen. (Foto Lockheed Martin)

Die Lightning II verfügt über zwei interne Waffenschächte. Mit externen Aufhängepunkten kann sie ihre Waffenlast enorm steigern, allerdings wird dann die Stealth-Fähigkeit erheblich eingeschränkt. Die abgebildete Maschine trägt einen Mix an Lenkwaffen: im Schacht ist eine AIM-120 AMRAAM-Luftkampfrakete für mittlere Entfernungen, an den Tragflächen außen sind AIM-9X Sidewinder-Luftkampfraketen für kurze Entfernungen und an den inneren Trägern GBU-12-Lenkbomben zu sehen. (Foto Raytheon)

Corps-Maschinen nur optional als extern mitgeführter Behälter vorgesehen. Der Rumpfbug nimmt das mit elektronischen Phasenschiebern ausgestattete AN/APG-81-Radar von Northrop Grumman auf, das Cockpit verfügt über ein 20x50 cm großes Touchscreen-Multifunktionsdisplay. Die F-35B sollen eine maximale Startmasse von rund 27.000kg, die F-35C von maximal 32.000 kg besitzen.

Mitte 2004 begann der Bau von 22 neuen Entwicklungsflugzeugen, davon vier F-35B und fünf F-35C für die Flugerprobung. Im Juli 2006 wurde dem Flugzeug schließlich der Beiname »Lightning II« verliehen. Ein erster F-35B-Prototyp begann am 11. Juni 2008 mit der Flugerprobung und vollführte im März 2010 die erste senkrechte Landung. Am 3. Oktober 2011 wurde erstmals senkrecht auf einem Schiff, der *USS Wasp*, gelandet. Zwischenzeitlich verursachten die F-35B-Versuchsmaschinen vielfach Probleme, auch an Flugzeugzelle und Antrieb, und es wurde gar ein Programmstop für diese Variante erwogen. Mit der VMFAT-501 wurde 2010 die erste Trainingsstaffel des Marine Corps zur Umschulung auf die F-35B in Beaufort, South Carolina, aufgestellt und als erste Einsatzstaffel erhielt VMFA-121 in Yuma, Arizona, ab Ende 2012 das Flugzeug. Hier wurde die Einsatzbereitschaft im Juli 2015 erreicht. Das Marine Corps möchte insgesamt 353 F-35B sowie 67 F-35C beschaffen und mindestens 20 Einsatzstaffeln damit ausrüsten. Die ersten F-35C der Marines gingen zunächst an die Navy-Umschulungsverbände VFA-101 und VFA-125. Während die F-35B hauptsächlich an der Ost- und Westküste der USA stationiert sind oder von amphibischen Angriffsschiffen aus operieren, sollen die F-35C die Trägerkampfgruppen der US Navy unterstützen. Die Navy selbst möchte derzeit 273 F-35C kaufen. Eine Maschine für die US Navy flog am 6. Juni 2010 zum ersten Mal, zum Training wurde 2012 auf der Eglin Air Force Base, Florida, die Staffel VF-101 aufgestellt und ab Oktober 2013 mit den ersten F-35C beliefert. Die Trägererprobung wurde auf der *USS Abraham Lincoln* komplettiert, erste Einsatzstaffel wurde 2018 VFA-147. Im September 2018 absolvierten F-35B der Marines-Staffel VMFA-211 von der *USS Essex* aus erste Kampfeinsätze über Afghanistan.

Möglicherweise wird die F-35 das letzte neue trägergestützte Kampfflugzeug im bemannten Betrieb der US Navy werden, denn Drohnen übernehmen immer mehr vielfältige Aufgaben und kommen künftig auch von Flugzeugträgern aus zum Einsatz.

Einsatzstaffeln (Auswahl):
VFA-101, 125, 147
VMFA-121, 122, 211
VMFAT-501

Anhang

Literaturverzeichnis

Neben Herstellerangaben und Informationen aus dem Archiv der Emil-Buehler-Library im National Museum of Naval Aviation Pensacola wurden folgende Quellen berücksichtigt:

- Air Forces Monthly – verschiedene Ausgaben
- Air War In The Gulf 1991, Christopher Chant
- American Attack Aircraft Since 1926, E.R. Johnson
- Carrier Aviation In The 21st Century – Thomas Newdick (edit.)
- Combat Aircraft – verschiedene Ausgaben
- Conflict In The Balkans 1991-2000, Tim Ripley
- Dictionary Of American Naval Aviation Squadrons Vol. 1 – Roy A. Grossnick
- Douglas A-1 Skyraider – Robert F. Dorr
- Flugzeugträger der U.S. Navy – Stefan Terzibaschitsch
- Grumman Aircraft Since 1929 – René J. Francillon
- International Air Power Review – verschiedene Ausgaben
- Jane's All The World's Aircraft – verschiedene Ausgaben
- Jetbomber, Bill Gunston
- Naval Aviation News – verschiedene Ausgaben
- Naval Fighters – verschiedene Ausgaben
- Squadron Signal – verschiedene Ausgaben
- Strike From The Sea – Tommy H. Thomason
- United States Naval Aviation 1910-1996, Naval Historical Center
- US Marine Corps Aviation Since 1912 – Peter B. Mersky
- US Naval Air Superiority – Tommy H. Thomason
- Vietnam Air Wars, René J. Francillion
- Warbird Series – verschiedene Ausgaben
- World Air Power Journal – verschiedene Ausgaben